原 康夫・近桂一郎・丸山瑛一・松下 貢 編集

裳華房フィジックスライブラリー

電磁気学(I)

筑波大学名誉教授
理学博士

原　康夫 著

裳　華　房

ELECTROMAGNETISM (I)

by

Yasuo HARA, DR. SC.

SHOKABO

TOKYO

編 集 趣 旨

「裳華房フィジックスライブラリー」の刊行に当り，その編集趣旨を説明します．

最近の科学技術の進歩とそれにともなう社会の変化は著しいものがあります．このように新しい知識が急増し，また新しい状況に対応することが必要な時代に求められるのは，個々の細かい知識よりは，知識を実地に応用して問題を発見し解決する能力と，生涯にわたって新しい知識を自分のものとする能力です．このためには，基礎になる，しかも精選された知識，抽象的に物事を考える能力，合わせて数理的な推論の能力が必要です．このときに重要になるのが物理学の学習です．物理学は科学技術の基礎にあって，力，エネルギー，電場，磁場，エントロピーなどの概念を生み出し，日常体験する現象を定性的に，さらには定量的に理解する体系を築いてきました．

たとえば，ヨーヨーの糸の端を持って落下させるとゆっくり落ちて行きます．その理由がわかると，それを糸口にしていろいろなことを理解でき，物理の面白さがわかるようになってきます．

しかし，物理はむずかしいので敬遠したくなる人が多いのも事実です．物理がむずかしいと思われる理由にはいくつかあります．そのひとつは数学です．数学では $48 \div 6 = 8$ ですが，物理の速さの計算では $48 \text{ m} \div 6 \text{ s} = 8 \text{ m/s}$ となります．実用になる数学を身につけるには，物理の学習の中で数学を学ぶのが有効な方法なのです．この"メートル"を"秒"で割るという一見不可能なようなことの理解が，実は，数理的推論能力養成の第1歩なのです．

一見，むずかしそうなハードルを越す体験を重ねて理解を深めていくところに物理学の学習の有用さがあり，大学の理工系学部の基礎科目として物理

が最も重要である理由があると思います．

　受験勉強では暗記が有効なように思われ，必ずしもそれを否定できません．ただ暗記したことは忘れやすいことも事実です．大学の勉強でも，解く前に問題の答を見ると，それで多くの事柄がわかったような気持になるかもしれません．しかし，それでは，考えたり理解を深めたりする機会を失います．20世紀を代表する物理学者の1人であるファインマン博士は，「問題を解いて行き詰まった場合には，答をチラッと見て，ヒントを得たらまた自分で考える」という方法を薦めています．皆さんも参考にしてみてください．

　将来の科学技術を支えるであろう学生諸君が，日常体験する自然現象や科学技術の基礎に物理があることを理解し，物理的な考え方の有効性と物理の面白さを体験して興味を深め，さらに物理を応用する能力を養成することを目指して企画したのが本シリーズであります．

　裳華房ではこれまでも，その時代の要求を満たす物理学の教科書・参考書を刊行してきましたが，物理学を深く理解し，平易に興味深く表現する力量を具えた執筆者の方々の協力を得て，ここに新たに，現代にふさわしい基礎的参考書のシリーズを学生諸君に贈ります．

　本シリーズは以下の点を特徴としています．

- 基礎的事項を精選した構成
- ポイントとなる事項の核心をついた解説
- ビジュアルで豊富な図
- 豊富な［例題］，［演習問題］とくわしい［解答］
- 主題にマッチした興味深い話題の"コラム"

　このような特徴を具えたこのシリーズが，理工系学部で最も大切な物理の学習に役立ち，学生諸君のよき友となることを確信いたします．

編 集 委 員 会

まえがき

　本書は現代の科学技術の最も重要な基礎の一つである電磁気学を，現代的視点から見直して，平易に記述し，読者が電磁気学をよく理解し活用できるようになることを目標に執筆された教科書・参考書である．

　物理学の理解の第一歩は適切な概念形成である．電磁気学は場の物理学である．したがって，電場と磁場の適切な概念形成が最も重要である．

　電磁気学を現代的視点から見直すとは，たとえば次のような意味である．日本の電磁気学の教科書の主流は，電磁気学が形成された19世紀の電磁気学のスタイルを色濃く残している．具体的には，磁場の取扱いでの磁場 H の重視と磁束密度 B の軽視である．20世紀になって量子力学が建設され，基本的に重要な電磁場は E と B であることが明らかになった．磁場 H，磁束密度 B と記すと，読者に磁場 H が基本的な磁場で，磁束密度 B は補助的な場であるという印象を与えるので，磁場という概念の適切な形成の妨げになる．そこで，本書では「ファインマン物理学」などでの使用例にならって，磁束密度 B を磁場 B とよぶことにした．実際の場面では B という記号が重要なので，このように表しても他書を読む際に困ることはない．

　電磁気学を活用できるようになるために重要なことの一つは，電磁気学の概念・法則を言葉で説明できるようになること，つまり定性的な理解である．この点に関連して，電場と磁場の従う法則は本質的に大域的な性格をもつので，まず積分形の法則を学び，その後で，微分形の法則をまとめて学ぶようにした．

　本書では，まず電磁気学の重要な概念，法則，現象などの定性的理解が得られるように留意して，全体を構成，執筆し，適切な例と例題，演習問題などを数多く示して，その理解が深まり，理解が定着するように配慮した．ま

た，図についても工夫した．したがって，少しページ数は増えたが，容易に読み進むことができると思う．

このような本書の特徴によって，同レベルの他書に比べ，本書で学べば電磁気学をより整理された形で，より良く，より深く理解できるはずであると自負している．ただし，電磁気現象はほとんどすべての自然現象に関与しているので，本書では触れていない電磁気現象も多い．たとえば，個々の物質の電磁気的性質，特に時間的に変化する電磁場の中での物質の電磁気的な性質である．

なお，ページ数の関係で，本書は(I)，(II)の2分冊になっている．後半の「電磁気学(II)」も「電磁気学(I)」と同様に愛読して頂きたい．

本書の執筆に際しては，原稿を読んで頂いた本シリーズの編集委員の近桂一郎教授と丸山瑛一教授に貴重な助言を頂いたことを感謝する．また，編集部の真喜屋実孜，小野達也のお二人の協力に厚く感謝する．

なお，完全を期したが，筆者の不十分な知識，誤解などに基づく誤り，あるいは誤植などがあるかと思う．ご指摘頂ければ幸いである．

2001年9月

原　　康　夫

目 次

1. 真空中の電荷と静電場

§1.1 電荷の保存と物質を構成する
　　　基本粒子 ・・・・・・・ 2
§1.2 導体と絶縁体 ・・・・・・ 4
§1.3 物質の基本的な構成粒子の
　　　電子 ・・・・・・・・・ 6
§1.4 クーロンの法則 ・・・・・ 9
§1.5 電場 ・・・・・・・・・・ 18
§1.6 電気双極子 ・・・・・・・ 26
§1.7 電荷が連続的に分布している
　　　場合の電場 ・・・・・・ 29
§1.8 電気力線束と電束 ・・・・ 31
§1.9 ガウスの法則 ・・・・・・ 34
§1.10 ガウスの法則の応用 ・・・ 40
§1.11 電位 ・・・・・・・・・・ 47
§1.12 電位の計算例 ・・・・・・ 53
§1.13 等電位面と等電位線 ・・・ 60
§1.14 電位から電場を求める ・・ 62
演習問題 ・・・・・・・・・・ 67

2. 導体と静電場

§2.1 導体と電場 ・・・・・・・ 74
§2.2 映像法 ・・・・・・・・・ 83
§2.3 導体表面にはたらく力
　　　（静電張力）・・・・・・ 85
§2.4 キャパシター ・・・・・・ 86
§2.5 キャパシターの接続 ・・・ 93
§2.6 電場のエネルギー ・・・・ 96
演習問題 ・・・・・・・・・・ 100

3. 誘電体と静電場

§3.1 誘電体の分極 ・・・・・・ 104
§3.2 電束密度 ・・・・・・・・ 111
§3.3 電気力線と電束線の屈折の
　　　法則 ・・・・・・・・・ 114
§3.4 誘電体がある場合の電場の
　　　エネルギー ・・・・・・ 116
§3.5 いろいろな物質の比誘電率 116
演習問題 ・・・・・・・・・・ 121

4. 電流

- §4.1 電流 ·········125
- §4.2 起電力 ········130
- §4.3 オームの法則 ·····133
- §4.4 電気抵抗率 ······136
- §4.5 電流と仕事 ······139
- §4.6 抵抗の接続 ·······142
- §4.7 直流回路 ········146
- §4.8 CR 回路 ········151
- 演習問題 ···········155

5. 静電場の微分形の法則

- §5.1 静電場の法則のまとめ ··162
- §5.2 ガウスの発散定理と電場の ガウスの法則の微分形 ·164
- §5.3 ポアッソン方程式 ····167
- §5.4 電束密度のガウスの法則の微分形 ········171
- §5.5 電荷の保存と連続方程式 ·175
- 演習問題 ···········177

6. 導体，半導体，絶縁体

- §6.1 原子の定常状態と元素の周期律 ········180
- §6.2 絶縁体，導体，半導体 ··184
- §6.3 半導体の応用 ······188
- §6.4 導電性高分子 ······191
- 演習問題 ···········192

問・演習問題解答 ···························193
索引 ·································201

※※※※※※※※※※※※※※※※※※※

コ ラ ム

フランクリン (1706 - 1790) ・・・・・73
キャベンディッシュ (1731 - 1810) ・・103
エコール・ポリテクニック ・・・・・179

※※※※※※※※※※※※※※※※※※※

「電磁気学(II)」 主要目次

7．真空中の静磁場
8．電流にはたらく磁気力
9．電磁誘導
10．磁性体
11．電磁気学の微分形の法則
12．交流回路
13．マクスウェル方程式
14．電磁波

1 真空中の電荷と静電場

冬の乾燥した日に化学繊維のセーターを勢いよく脱ぐと，下着との間でパチパチと音がしたり，布が引き合ったりする．これはセーターや下着に電気が生じたためである．物体に電気が生じることを，物体が帯電するといい，摩擦で生じた電気を摩擦電気という．

摩擦電気の手軽な実験を紹介する．白いセロテープ（商品名スコッチテープ）を切って，テープ片を2つ作り，机の別々の場所に貼り，急激にはがして近づけると，2片のテープは反発し合う．この現象は，2枚のテープ片が同種類の電気を帯び，同種類の電気の間には反発力がはたらくためだと考えられる．

次に，テープ片を2つ作って，1つのテープ片を机の上に貼り，その上にもう1つのテープ片を貼り，重なった2枚のテープを机からはがし，それから重なっている2片のテープを急激にはがすと，2片のテープは互いに引き合う．この現象は，2枚のテープ片が異種類の電気を帯び，異種類の電気の間には引力がはたらくためだと考えられる．

このような実験から，

(1) 電気には正と負の2種類があり，同種類の電気の間には反発力がはたらき，異種類の電気の間には引力がはたらくこと
(2) 2種類の物体を擦り合わせたり，貼り合わせた2つの物体をはがすと，一方の物体には正，もう一方の物体には負の電気が生じること

がわかった．

物理学では，物体の帯びている電気や電気量を**電荷**ということが多い．電荷とよぶ理由は，電気力の原因になる何物かが物体に荷われているという意味である．

この章では，真空中に静止している電荷とその間にはたらく電気力，および電気力を伝える電場とその性質について学ぶ．

§1.1 電荷の保存と物質を構成する基本粒子

物質は分子から構成され，分子は原子から構成されている．原子は中心にある正電荷を帯びた微小な原子核とその周囲を運動している負電荷 $-e$ を帯びた電子から構成されていて，原子核は正電荷 e を帯びている陽子と電荷を帯びていない中性子から構成されている(図1.1)．そこで，物質の電荷は，

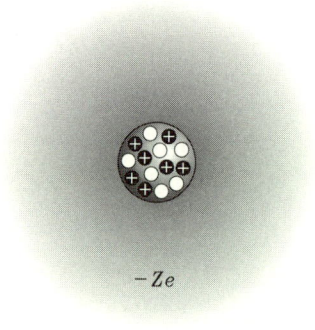

$-Ze$

● 陽子　○ 中性子

図 1.1 原子と原子核
原子番号 Z の原子核には Z 個の陽子が含まれている．原子番号 Z の原子には Z 個の電子が雲のように広がって存在する．

$$e \times 「陽子の総数」 + (-e) \times 「電子の総数」$$

に等しい．摩擦などの物理現象や化学反応などでは，陽子や電子が消滅したり新たに作られたりすることはない．つまり，これらの現象に関係する物質の陽子の総数および電子の総数は不変である．したがって，

> 他の部分から孤立した系 (物体あるいは物体の集団) の電荷の和は一定である．

つまり，電荷は保存するので，これを**電荷の保存則**という．

電荷の保存則は常に成り立ち，自然界の基本的な法則の一つと見なされている．たとえば，不安定な原子核のベータ崩壊では，電荷を帯びていない中

性子が消滅して，正電荷を帯びた陽子，負電荷を帯びた電子，そして電気を帯びていないニュートリノの3個の粒子が生成する ($n^0 \to p^+ + e^- + \nu^0$)．しかし，陽子の帯びている正電荷 e と電子の帯びている負電荷 $-e$ の和はゼロなので，「中性子の電荷」＝「陽子の電荷」＋「電子の電荷」＋「ニュートリノの電荷」($0 = e + (-e) + 0$) であり，原子核のベータ崩壊でも電荷は保存する．

国際単位系での電荷の単位は1クーロン（記号はC）である．電気量の単位として1Cを使うと，陽子と電子の電荷は

$$陽子の電荷 \quad e \fallingdotseq 1.6 \times 10^{-19} \, C$$
$$電子の電荷 \quad -e \fallingdotseq -1.6 \times 10^{-19} \, C$$

である．

物質の基本的な構成粒子の陽子と電子の電気量の大きさである

$$e = 1.60217733 \times 10^{-19} \, C \tag{1.1}$$

を**電気素量**（あるいは素電荷）という．物質は電子，陽子，中性子から構成されているので，自然界のすべての帯電物体の電荷は電気素量の整数倍であることが期待されるが，実際，その通りになっており，電荷の大きさが電気素量の1/2倍や1/3倍の帯電物体は発見されないことが，ミリカンやその他の人々の実験によって確かめられている（演習問題 [19] 参照）．すべての陽子の電荷が正確に等しく e である事実，すべての電子の電荷が正確に等しく $-e$ である事実，および陽子の電荷 e と電子の電荷 $-e$ の絶対値が正確に等しい事実は，自然界の大きな謎の一つである．

なお，陽子と中性子はクォークとよばれるさらに基本的な粒子から構成されていると考えられている．クォークには電荷の大きさが電気素量の2/3倍のものと1/3倍のものがある．しかし，中性子星の中心部のような，超高密度で超高温の状態以外では，陽子や中性子がクォークに分離することはない．

§1.2 導体と絶縁体

導体と絶縁体

いろいろな物質の中には，金属や電解質溶液のように電気を良く通す**導体**とよばれる種類のものと，ガラスやアクリルのように電気を通さない**絶縁体**または不導体とよばれる種類のものがある．

金属では電子の一部が原子を離れて，規則正しく配列した正イオン（金属イオン）の間を動き回っている．これらの電子を**自由電子**または伝導電子という．金属が電気を通すのは，自由電子が金属中を移動するためであり，食塩水のような電解質溶液が電気を通すのは，溶液の中を正イオンと負イオンが移動するためである．つまり導体には，**自由電荷**とよばれる，その中を移動できる電荷が存在する．

これに対して，絶縁体ではすべての電子が原子またはイオンに強く結合していて，動き回ることができない．

静電誘導

図1.2のような箔検電器の上端の金属板に帯電した棒を近づけると，箔が開く．この現象は次のように説明される．検電器の上端の金属板に負に帯電

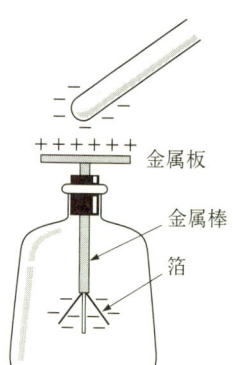

図1.2 箔検電器と静電誘導
　金属板の自由電子が金属箔に追われて，金属箔は電子間の反発力で開く．

した棒を近づけると，金属板中の自由電子が電気力（反発力）を受けて棒から遠い金属箔の方へ移動するので，金属箔は負に帯電し，金属箔は負電荷の間の反発力で開く．そして，金属板では電子が不足するので，その結果，金属板は正に帯電する．

このように，導体に帯電物体を近づけると，導体の帯電物体に近い側の面には帯電物体の電荷と異符号の電荷が現れ，遠い側の面に同符号の電荷が現れる．この現象を**静電誘導**という．2つの物体の間は空気によって絶縁されているので，電荷は2つの物体の間を移動しないが，物体間の電圧が大きかったり，距離が極めて近かったり，空気が湿っていたりすると，物体の間を電荷が移動することがある．この現象を放電という．

誘電分極

絶縁体に帯電した物体を近づけても，絶縁体ではすべての電子が分子に束縛されているので，絶縁体の全体にわたる電子の移動は起きない．しかし，個々の分子の中では電子が帯電物体から電気力を受けて，分布が一方に偏る．これを分子の**分極**という．絶縁体の内部では正負の電荷が平均すると打ち消し合っている．しかし，絶縁体の表面の帯電物体に近い側に帯電物体の電荷と異符号の電荷が，遠い側に帯電物体の電荷と同符号の電荷が現れる．これも静電誘導であるが，この現象を特に**誘電分極**という．絶縁体には誘電分極が生じるために，絶縁体を**誘電体**という．導体の静電誘導の場合とは異なり，誘電分極によって誘電体の表面に現れる電荷は，誘電体の外部にとり出せない．

帯電物体が近くの紙のような軽いものを引き付けるのは，静電誘導あるいは誘導分極のためである．負に帯電した物体を小さな紙片に近づけると，紙片の帯電物体側に正電荷が移動し，反対側に負電荷が移動する．電気力の強さは距離とともに減少するので，近くの電荷との間の引力の方が遠くの電荷との間の斥力より強く，その結果として，紙片は帯電物体に引き寄せられる．

(参考) ファラデー定数（1モルの1価イオンの電気量）　物質量の単位の1モルとは，0.012 kg (12 g) の ^{12}C（原子番号12の炭素）の原子数

$$N_A = 6.0221367 \times 10^{23} \tag{1.2}$$

と等しい数の分子，原子，あるいはイオンなどの物質量である．したがって，1モルの物質を，1モルの1価の正イオン（電荷 e）と1モルの1価の負イオン（電荷 $-e$）に電気分解するときに流れる電気量は

$$\begin{aligned} F = N_A e &= 6.0221367 \times 10^{23} \times 1.60217733 \times 10^{-19}\,\text{C} \\ &= 96485.309\,\text{C} \end{aligned} \tag{1.3}$$

である．この電気量，すなわち1モルの1価イオンの電気量 F をファラデー定数という．また，N_A をアボガドロ定数という．

§1.3　物質の基本的な構成粒子の電子

　物質を構成する基本的粒子の中で一番軽いのは電子で，その質量は陽子や中性子の質量よりはるかに小さく，その約2000分の1にすぎない．したがって，物質の中を動きやすいので，物質が示す物理現象や化学変化での主役である．たとえば，導線を流れる電流は電子の移動によって生じる．そこで，電子について簡単に紹介しておこう．

　これまでは電子を小さな粒だと見なして粒子とよんだり，電気を帯びた小さな粒だと見なして荷電粒子とよんだりしてきた．しかし，電子を粒子とはいいきれない．

　1897年にトムソンは，図1.3に示す装置を使って電子を発見した．この実験は，負電荷を帯びた粒子が，金属の負極から正極に向かって飛び出し，電場と磁場の中を電磁気力の作用を受けて曲線軌道上を運動し，正極の後側の蛍光面に衝突してキラッと点状に光らせる（輝点を発生させる）と解釈できる．この粒子は，決まった質量と決まった電荷をもち，ニュートンの運動方程式に従って運動する粒子と同じ軌道を通ること，そして，この粒子は水素原子の約2000分の1という小さな質量をもつことをトムソンは発見した．負極の金属を他の金属にかえても同じ粒子が出てくるので，この粒子はいろいろな物質に共通な構成粒子であることがわかり，**電子**と名づけられた．

§1.3 物質の基本的な構成粒子の電子　7

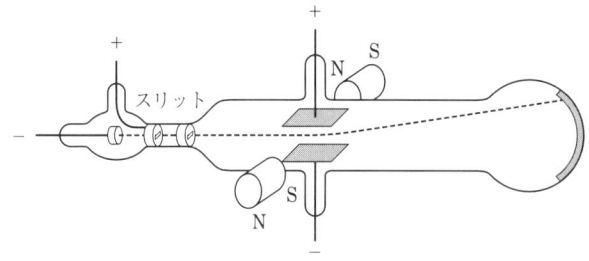

図1.3 電子が蛍光面に衝突する点は，決まった質量をもち負電荷を帯びた粒子が電場と磁場の中でニュートンの運動方程式に従って運動していった点である．

電子の二重性

電子は決まった大きさの質量と電荷をもち，電磁場の中ではニュートンの運動の法則に従う荷電粒子として振る舞い，蛍光物質に衝突すると輝点を発生させるという粒子的な性質を示す．これまでに，半分の大きさの質量や電荷をもつ電子は発見されていない．

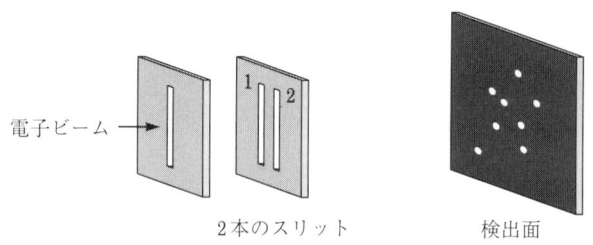

図1.4 電子ビームと2本のスリット1,2（概念図）

光の波動性を発見したときと同じように，電子顕微鏡の電子源から出てくる電子の流れの中に2本のスリットを置き（図1.4），2本のスリットを通過した2つの流れが合流する所に置いてある検出面に到達した電子を記録したものが，図1.5に示した写真である．図 (e) を見ると，波の特徴である干渉

8   1. 真空中の電荷と静電場

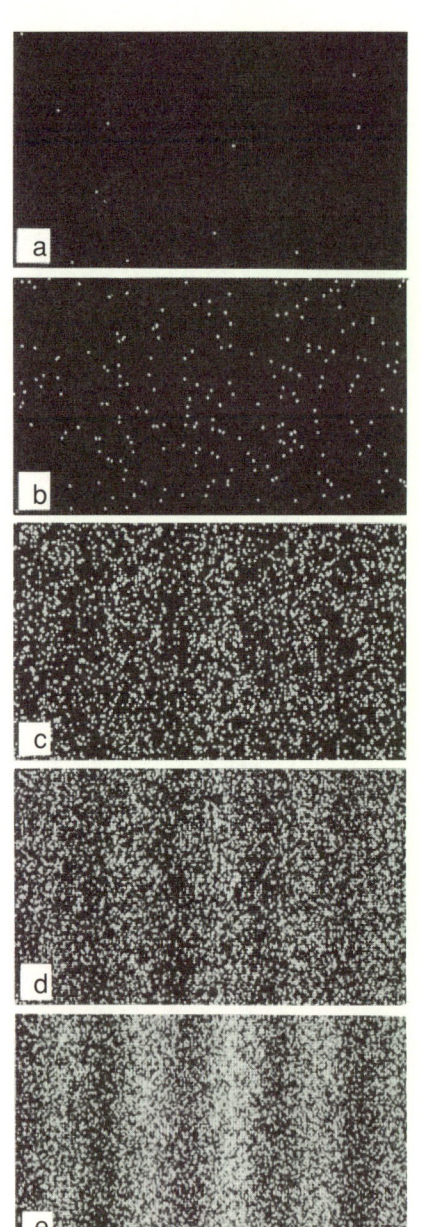

図1.5 電子顕微鏡による干渉縞の形成過程

電子が，2つのスリットを通過して，検出器に1個また1個と間隔をおいてやってくる．電子が検出器の表面の蛍光フィルムに達すると，そこで検出され，記録装置に記録されて，モニターに写し出される．この図には，電子が検出面に1個ずつ到着し，その結果，干渉縞が形成される様子を写真(a)〜(e)で時間の順に示す．

（日立製作所基礎研究所 外村 彰博士提供）

現象を示す明暗の縞が読みとれる．つまり，この写真は，2本のスリットを通過した2つの電子波 ψ_1 と ψ_2 が重なり合って $\psi_1+\psi_2$ になり，検出面上で2つの波 ψ_1 と ψ_2 が互いに（同符号の場合）強め合ったり（異符号の場合）弱め合ったりすることで，検出面上での電子波の強度 $|\psi_1+\psi_2|^2$ の分布が明暗の縞を作ることを示している．この実験では，実験装置の内部に2個以上の電子が同時に存在することはまれであるような状況で実験したので，この明暗の縞は2個以上の電子の相互作用によって生じたものではない．つまり，この写真は，1個の輝点を生じさせる「1個の」電子が2本のスリットの両方を同時に通過したことを示している．

さて，明暗の縞が形成されていく過程を記録した図1.5を順に見ると，明暗の縞の輝度が連続的に増加していくのではなく，「粒子」としての電子が1個ずつ検出面（蛍光板）に衝突して，輝点を発生させていることがわかる．そして，場所によって衝突する確率に大小の差があるので，明暗の縞が形成されていく様子がわかる．

これで，電子は粒子と波の二重性をもつことがわかった．つまり，あるときは粒子のように振る舞い，あるときは波のように振る舞う．電子のような二重性を示すものの従う力学を**量子力学**といい，量子が空間を波動として伝わる様子を表す波動関数 ψ を決める方程式をシュレーディンガー方程式という．

本書では，電子を電荷 $-e$ の荷電粒子として記述していくが，電子には波動性もあることを記憶しておいてほしい．極低温で物質の電気抵抗がゼロになる超伝導現象や鉄の示す強磁性を理論的に理解するには，量子力学の知識が必要である．

§1.4 クーロンの法則

電荷には正と負の2種類があり，同種類の電荷の間には反発力がはたらき，異種類の電荷の間には引力がはたらく．2つの帯電物体の間にはたらく

電気力の強さは距離が大きくなるにつれて減少するという事実は18世紀の前半に気づかれていたが，電気力の強さの定量的な法則を発見したのはフランスのクーロンであった．

1785年にクーロンは，感度の良い捩れ秤を使用して，帯電した小さな球の間にはたらく電気力を測定し，

> 2つの小さな帯電物体の間にはたらく電気力の大きさは，帯電物体のもつ電荷の積に比例し，距離の2乗に反比例する

ことを発見した．これを**クーロンの法則**という．クーロンの法則に従う電気力を**クーロン力**という．小さな帯電物体とは，他の帯電物体への距離に比べて帯電物体の大きさが小さく，静電誘導の効果が無視できる物体のことである．このような場合の電荷を，理想化して**点電荷**という．クーロンの法則は，点電荷の間にはたらく電気力の法則である．

クーロンの法則を式で表そう．2つの点電荷を Q_1, Q_2 とし，その距離を r とすれば，点電荷間の電気力の大きさ F_{12} は

$$F_{12} = \frac{Q_1 Q_2}{4\pi\varepsilon_0 r^2} \quad (真空中) \tag{1.4}$$

となる．各電荷には，2つの電荷を結ぶ線分の方向に力がはたらく．Q_1 と Q_2 が同符号なら電荷の間に反発力がはたらき，異符号なら引力がはたらく（図1.6）．クーロン力に対しても作用反作用の法則が成り立つ．

$1/4\pi\varepsilon_0$ は比例定数で，電荷の単位をクーロン (C)，長さの単位をメートル (m)，力の単位をニュートン (N) とす

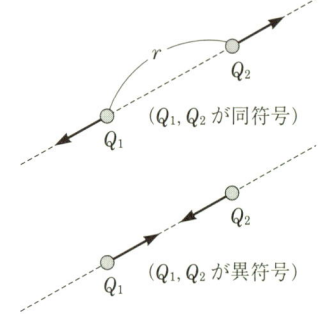

図 1.6 点電荷の間にはたらく力

る国際単位系では

$$\frac{1}{4\pi\varepsilon_0} = 8.988 \times 10^9 \, \text{N} \cdot \text{m}^2/\text{C}^2 \tag{1.5}$$

である．定数 ε_0（イプシロン・ゼロ）を**真空の誘電率**といい，

$$\varepsilon_0 = 8.85 \times 10^{-12} \, \text{C}^2/\text{N} \cdot \text{m}^2 \tag{1.6}$$

である．

クーロンの法則は，「距離の2乗に反比例し，質量の積に比例する」という万有引力の法則に形が似ている．しかし，大きな違いもある．それは，質量は常に正で万有引力は常に引力なのに，電荷には正と負の2種類があるので，電気力は引力の場合と反発力の場合があり，しかも同種の電荷間に反発力が作用することである．この結果，同種類の電荷が集まって，大きな電荷になることができない．また，2つの電荷の間に物質が存在すると，誘電分極などによって，2つの電荷の間にはたらく力は弱まる．たとえば，水の中では，誘電分極のために，帯電物体間の電気力の強さは空気中より著しく弱まる．水の中で多くの分子が分解して正イオンと負イオンになるのは，正イオンと負イオンを結び付けて分子を作っている電気力が弱まるためである．このような遮蔽効果は，万有引力の場合には存在しない．

例1．10 cm の間隔で，それぞれ1マイクロクーロン（$1\,\mu\text{C} = 10^{-6}\,\text{C}$）の正電荷を帯びた2つの小さなガラス玉がある．その間にはたらく電気力の大きさ F は

$$F = (9 \times 10^9 \, \text{N} \cdot \text{m}^2/\text{C}^2) \times \frac{(10^{-6}\,\text{C})^2}{(0.1\,\text{m})^2}$$

$$= 0.9 \, \text{N} \quad \text{(反発力)}$$

である．$0.9\,\text{N} = 0.09\,\text{kgf}$ なので，この電気力の大きさは約 90 g の物体にはたらく重力の大きさに等しい．

12　1. 真空中の電荷と静電場

　この計算から，1Cという電荷は極めて大きな電気量であることがわかる．大きな電気量をもつ物体は異符号の電荷をもつ物体を引きつけたり，放電したりするので，大きな電気量を保ち続けることは難しい．ちなみに，1モルの1価イオンの電気量は96485 C である（ファラデー定数）．

　例2. 陽子の電荷は $e = 1.6 \times 10^{-19}$ C，電子の電荷は $-e = -1.6 \times 10^{-19}$ C なので，原子の中で，距離 10^{-10} m の陽子と電子の間にはたらく電気力の大きさ F_E は，

$$F_E = (9.0 \times 10^9 \text{ N·m}^2/\text{C}^2) \times \frac{(1.6 \times 10^{-19} \text{ C}) \times (-1.6 \times 10^{-19} \text{ C})}{(10^{-10} \text{ m})^2}$$

$$= -2.3 \times 10^{-8} \text{ N} \quad (\text{引力})$$

である．

　距離が 10^{-10} m の質量 $m_p = 1.67 \times 10^{-27}$ kg の陽子と質量 $m_e = 9.11 \times 10^{-31}$ kg の電子の間にはたらく万有引力の大きさ F_G は

$$F_G = (6.67 \times 10^{-11} \text{ N·m}^2/\text{kg}^2) \times \frac{(1.67 \times 10^{-27} \text{ kg}) \times (9.11 \times 10^{-31} \text{ kg})}{(10^{-10} \text{ m})^2}$$

$$= 1.0 \times 10^{-47} \text{ N} \quad (\text{引力})$$

である．ここで，重力定数 G が 6.67×10^{-11} N·m^2/kg^2 であることを使った．

　電気素量 e は極めて小さい電気量なので，原子内の陽子と電子の間にはたらく電気力は極めて弱いが，それでも原子内の陽子と電子の間にはたらく万有引力に比べれば圧倒的に強く，10^{39} 倍である．原子，分子，結晶などを構成する力は電気力であり，万有引力が重要なのは，惑星，恒星，銀河系などの莫大な大きさの質量をもつ天体の生成や運動およびこれらの天体付近での物体の運動に対してだけである．

ベクトル形でのクーロンの法則

　電気力は大きさのほかに向きをもつベクトルである．(1.4)には力の向き

が示されていない．力の向きを表すにはベクトル記号を使えばよいが，定量的な取扱いでは座標系を導入して力を成分に分けなければならない．

まず，ベクトルを使って力の向きを表そう．電気力の方向は2つの電荷を結ぶ線分の方向である．点電荷 Q_1 の位置ベクトルを r_1，点電荷 Q_2

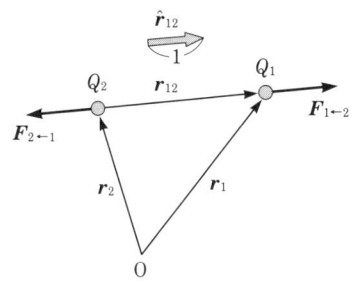

図 1.7 クーロンの法則
(Q_1, Q_2 が同符号の場合)

の位置ベクトルを r_2 とすると，Q_2 を始点とし Q_1 を終点とするベクトルは $r_{12} = r_1 - r_2$ である．Q_1 と Q_2 の距離は $r_{12} = |r_1 - r_2|$ なので，Q_2 から Q_1 の方向を向いた単位ベクトル（長さが1のベクトル）は $\hat{r}_{12} = r_{12}/|r_{12}| = (r_1 - r_2)/|r_1 - r_2|$ である．したがって，点電荷 Q_2 が点電荷 Q_1 に作用する電気力 $F_{1\leftarrow 2}$ は

$$F_{1\leftarrow 2} = \frac{Q_1 Q_2}{4\pi\varepsilon_0 r_{12}^2} \hat{r}_{12} = \frac{Q_1 Q_2}{4\pi\varepsilon_0 |r_1 - r_2|^2} \frac{r_1 - r_2}{|r_1 - r_2|} \tag{1.7}$$

と表される（図 1.7）．これがベクトル形でのクーロンの法則である．

本書では (1.7) を

$$F_{1\leftarrow 2} = F_{12}\hat{r}_{12}, \qquad F_{12} = F_{21} = \frac{Q_1 Q_2}{4\pi\varepsilon_0 |r_1 - r_2|^2} \tag{1.7}'$$

と表すことがある．この場合，(1.4) で定義された $F_{12} = F_{21}$ は $|F_{1\leftarrow 2}| = |F_{2\leftarrow 1}|$ ではなく，正負の符号の付いた量であることに注意する必要がある．2つの電荷 Q_1, Q_2 が同符号の場合は $F_{12} > 0$ なので，$F_{1\leftarrow 2}$ と $\hat{r}_{12}$ は同じ向きであるが，これは反発力を表す．また2つの電荷が異符号の場合は $F_{12} < 0$ なので，$F_{1\leftarrow 2}$ と $\hat{r}_{12}$ は逆向きであるが，これは引力を表す．

電気力 $F_{1\leftarrow 2}$ はベクトルなので成分をもつ．$F_{1\leftarrow 2}$ の x 成分，y 成分，z 成

分を $(F_{1\leftarrow 2})_x, (F_{1\leftarrow 2})_y, (F_{1\leftarrow 2})_z$ と記すと，電気力 $\boldsymbol{F}_{1\leftarrow 2}$ は

$$\boldsymbol{F}_{1\leftarrow 2} = [(F_{1\leftarrow 2})_x, (F_{1\leftarrow 2})_y, (F_{1\leftarrow 2})_z] \tag{1.8}$$

と表せる．また $+x$ 方向を向いた単位ベクトルを $\boldsymbol{i}$，$+y$ 方向を向いた単位ベクトルを $\boldsymbol{j}$，$+z$ 方向を向いた単位ベクトルを $\boldsymbol{k}$ と記すと，

$$\boldsymbol{F}_{1\leftarrow 2} = (F_{1\leftarrow 2})_x\,\boldsymbol{i} + (F_{1\leftarrow 2})_y\,\boldsymbol{j} + (F_{1\leftarrow 2})_z\,\boldsymbol{k} \tag{1.9}$$

と表せる（図 1.8(a)）．

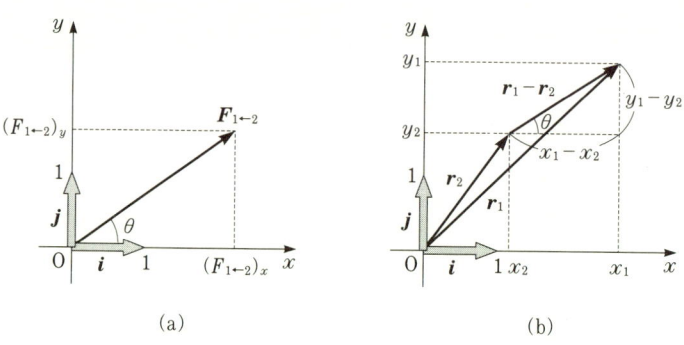

図 1.8　2つの点電荷が xy 平面上にある場合
(a) $\boldsymbol{F}_{1\leftarrow 2} = (F_{1\leftarrow 2})_x\,\boldsymbol{i} + (F_{1\leftarrow 2})_y\,\boldsymbol{j}$　（Q_1, Q_2 が同符号の場合）
(b) $\boldsymbol{r}_1 - \boldsymbol{r}_2 = (x_1 - x_2)\,\boldsymbol{i} + (y_1 - y_2)\,\boldsymbol{j}$

ベクトル $\boldsymbol{r}_1 - \boldsymbol{r}_2$ の x 成分，y 成分，z 成分は，それぞれ $x_1 - x_2$, $y_1 - y_2$, $z_1 - z_2$ なので（図(b)），

$$\boldsymbol{r}_1 - \boldsymbol{r}_2 = (x_1 - x_2)\,\boldsymbol{i} + (y_1 - y_2)\,\boldsymbol{j} + (z_1 - z_2)\,\boldsymbol{k} \tag{1.10}$$

と表せる．そこで，(1.10) と $r_{12} = |\boldsymbol{r}_1 - \boldsymbol{r}_2| = [(x_1 - x_2)^2 + (y_1 - y_2)^2 + (z_1 - z_2)^2]^{1/2}$ を (1.7) に代入すると，ベクトル形でのクーロンの法則 (1.7) は

$$\boldsymbol{F}_{1\leftarrow 2} = F_{12}\frac{(x_1 - x_2)\,\boldsymbol{i} + (y_1 - y_2)\,\boldsymbol{j} + (z_1 - z_2)\,\boldsymbol{k}}{[(x_1 - x_2)^2 + (y_1 - y_2)^2 + (z_1 - z_2)^2]^{1/2}}$$

$$\tag{1.11}$$

と表せる．

なお，(1.11)を成分に分けて書くと次のようになる．

$$\left.\begin{aligned}(F_{1\leftarrow 2})_x &= F_{12}\frac{x_1 - x_2}{[(x_1 - x_2)^2 + (y_1 - y_2)^2 + (z_1 - z_2)^2]^{1/2}} \\ (F_{1\leftarrow 2})_y &= F_{12}\frac{y_1 - y_2}{[(x_1 - x_2)^2 + (y_1 - y_2)^2 + (z_1 - z_2)^2]^{1/2}} \\ (F_{1\leftarrow 2})_z &= F_{12}\frac{z_1 - z_2}{[(x_1 - x_2)^2 + (y_1 - y_2)^2 + (z_1 - z_2)^2]^{1/2}}\end{aligned}\right\} \quad (1.12)$$

3つ以上の電荷がある場合の電気力

3つの電荷 Q_1, Q_2, Q_3 がある場合，電荷 Q_1 にはたらく電気力 $\boldsymbol{F}_1$ は，電荷 Q_1 と Q_2 だけがある場合の電荷 Q_2 からの電気力 $\boldsymbol{F}_{1\leftarrow 2}$ と，電荷 Q_1 と Q_3 だけがある場合の電荷 Q_3 からの電気力 $\boldsymbol{F}_{1\leftarrow 3}$ のベクトル和

$$\boldsymbol{F}_1 = \boldsymbol{F}_{1\leftarrow 2} + \boldsymbol{F}_{1\leftarrow 3} \quad (1.13)$$

であることが実験的にわかっている（図1.9(a) 参照）．これを**電気力の重ね合せの原理**とよぶ．(1.13)を成分で表すと，

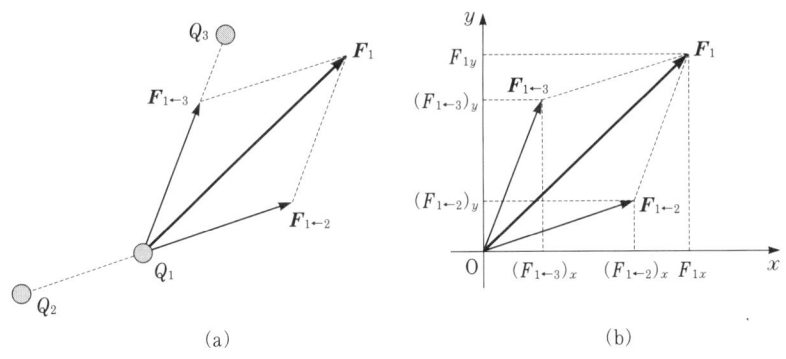

図1.9 電気力の重ね合せの原理（点電荷 Q_1, Q_2, Q_3 がすべて xy 平面上にある場合）
  (a) $\boldsymbol{F}_1 = \boldsymbol{F}_{1\leftarrow 2} + \boldsymbol{F}_{1\leftarrow 3}$
  (b) $F_{1x} = (F_{1\leftarrow 2})_x + (F_{1\leftarrow 3})_x, \quad F_{1y} = (F_{1\leftarrow 2})_y + (F_{1\leftarrow 3})_y$

$$F_{1x} = (F_{1\leftarrow 2})_x + (F_{1\leftarrow 3})_x \\ F_{1y} = (F_{1\leftarrow 2})_y + (F_{1\leftarrow 3})_y \\ F_{1z} = (F_{1\leftarrow 2})_z + (F_{1\leftarrow 3})_z \Bigg\} \quad (1.13)'$$

となる（図(b)）．

N 個の電荷 $Q_1, Q_2, \cdots, Q_N$ が存在する場合には，電荷 Q_1 にはたらく電気力 $\boldsymbol{F}_1$ は，それぞれの電荷だけがある場合にそれぞれの電荷が作用する電気力の和の

$$\boldsymbol{F}_1 = \boldsymbol{F}_{1\leftarrow 2} + \boldsymbol{F}_{1\leftarrow 3} + \cdots + \boldsymbol{F}_{1\leftarrow N} \quad (1.14)$$

である．

[**例題 1.1**] 真空中に 3 つの点電荷 $Q_A (= 200 \ \mu\text{C})$, $Q_B (= -100 \ \mu\text{C})$, $Q_C (= 400 \ \mu\text{C})$ が 1 直線上に並んでいる（図 1.10）．点電荷 Q_A にはたらく電気力 F_A を求めよ．

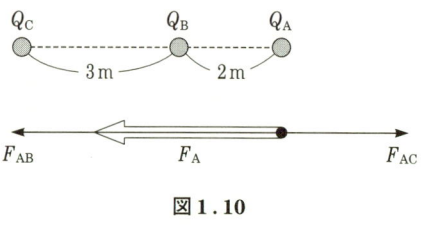

図 1.10

[**解**] Q_A, Q_B, Q_C が 1 直線上に並んでいるので，ベクトル形での法則を使う必要はない．右向きの電気力の符号を正とすると，

$$F_A = F_{AB} + F_{AC} = \frac{Q_A Q_B}{4\pi\varepsilon_0 r_{AB}^2} + \frac{Q_A Q_C}{4\pi\varepsilon_0 r_{AC}^2}$$

$$= (8.988 \times 10^9 \ \text{N·m}^2/\text{C}^2) \times \frac{(200 \times 10^{-6} \ \text{C}) \times (-100 \times 10^{-6} \ \text{C})}{(2 \ \text{m})^2}$$

$$+ (8.988 \times 10^9 \ \text{N·m}^2/\text{C}^2) \times \frac{(200 \times 10^{-6} \ \text{C}) \times (400 \times 10^{-6} \ \text{C})}{(5 \ \text{m})^2}$$

$$= -44.94 \ \text{N} + 28.76 \ \text{N} = -16.18 \ \text{N} \quad (\text{左向き})$$

となる．

[**例題 1.2**] 図 1.11 のように，真空中に 3 つの点電荷 $Q_A (= 200 \ \mu\text{C})$, $Q_B (= -100 \ \mu\text{C})$, $Q_C (= 400 \ \mu\text{C})$ が配置されている．点電荷 Q_B, Q_C が点電荷

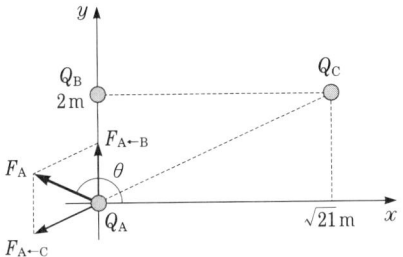

図 1.11

Q_A に作用する電気力 $\boldsymbol{F}_A$ を求めよ．

[解]　点電荷 Q_B が点電荷 Q_A に作用する電気力 $\boldsymbol{F}_{A \leftarrow B}$ と点電荷 Q_C が点電荷 Q_A に作用する電気力 $\boldsymbol{F}_{A \leftarrow C}$ を $(1.7)'$ を使って求める．

$$\widehat{\boldsymbol{r}}_{AB} = \frac{(x_A - x_B)\boldsymbol{i} + (y_A - y_B)\boldsymbol{j}}{[(x_A - x_B)^2 + (y_A - y_B)^2]^{1/2}}$$

$$= \frac{(0-0)\boldsymbol{i} + (0-2)\boldsymbol{j}}{[(0-0)^2 + (0-2)^2]^{1/2}} = -\boldsymbol{j}$$

$$\widehat{\boldsymbol{r}}_{AC} = \frac{(0-\sqrt{21})\boldsymbol{i} + (0-2)\boldsymbol{j}}{[(0-\sqrt{21})^2 + (0-2)^2]^{1/2}} = -\frac{\sqrt{21}}{5}\boldsymbol{i} - \frac{2}{5}\boldsymbol{j}$$

である．[例題 1.1] の結果の，$F_{AB} = -44.94$ N，$F_{AC} = 28.76$ N を使うと，

$$\boldsymbol{F}_A = \boldsymbol{F}_{A \leftarrow B} + \boldsymbol{F}_{A \leftarrow C} = F_{AB}\widehat{\boldsymbol{r}}_{AB} + F_{AC}\widehat{\boldsymbol{r}}_{AC}$$

$$= (-44.94 \text{ N})(-\boldsymbol{j}) + (28.76 \text{ N})\left(-\frac{\sqrt{21}}{5}\boldsymbol{i} - \frac{2}{5}\boldsymbol{j}\right)$$

$$= (-26.36\,\boldsymbol{i} + 33.44\,\boldsymbol{j}) \text{ N}$$

電荷 Q_A に作用する電気力 $\boldsymbol{F}_A$ の大きさ $|\boldsymbol{F}_A|$ と，$\boldsymbol{F}_A$ が $+x$ 方向となす角 θ は

$$|\boldsymbol{F}_A| = \sqrt{(-26.36)^2 + (33.44)^2} \text{ N} = 42.58 \text{ N}$$

$$\theta = 180° - \tan^{-1}\frac{33.44}{26.36} = 180° - 51.8° = 128.2°$$

となる．

18   1. 真空中の電荷と静電場

§1.5 電　場

電場（でんば）とは，「電気力が作用する場所」という意味である．力学では粒子が主役で，粒子同士が力を直接に作用し合うと考える．クーロンの法則 (1.4) は，2 つの離れている電荷の間にはたらく電気力は遠隔力であり，力の作用は電荷の間で直接にはたらくと考えることを意味している．それでは，電気力は 2 つの電荷の間をどのように伝わるのだろうか．2 つの電荷が遠く離れている場合に，一方が移動すると，電気力の大きさや向きが変化するはずである．この変化はもう一方の電荷に瞬間的には伝わらない．

物理学では，電気力の作用は

　　　　第 1 の電荷がその周囲の空間に**電場**とよばれる電気的性質を
　　　もつ状態を作り，電場の変化は空間を光の速さで第 2 の電荷の
　　　所に伝わり，第 2 の電荷の所の電場が第 2 の電荷に電気力を作
　　　用する

という 3 段階の過程で伝わる，と考える．

2 つの帯電物体が静止していれば電場は変化しないので，2 つの帯電物体がクーロンの法則に従う電気力で直接作用し合うと考えても同じ結果になる．この章では，このような場合を考えることにして，3 段階の過程の最初の過程と最後の過程を考えることにする．電場は，電荷と並ぶ，電磁気学の主役である．

　場

物理学では，各点に「物理量」が指定されている空間をその物理量の場（ば）という．たとえば，大気圏の各点では各時刻に温度，気圧，風の速度などが決まっているので，大気圏を温度の場，気圧の場，そして風の速度の場と見なすことができる．物理量が，温度や気圧のように，大きさはもつが向きはもたない量，つまりスカラー量の場合，その場を**スカラー場**という．物理量が，風の速度のように，大きさと向きをもつ量，つまりベクトル量の場

合，その場を**ベクトル場**という．し
たがって，温度の場と気圧の場はス
カラー場で，風の速度の場はベクト
ル場である．

テレビの気象情報の画面に各地の
気温の値を記入した図が出てくる
が，これは地表付近の温度の場とい
うスカラー場を示す図である．新聞
の天気予報の欄に出ている天気図の
等圧線に注目すれば，天気図は地表

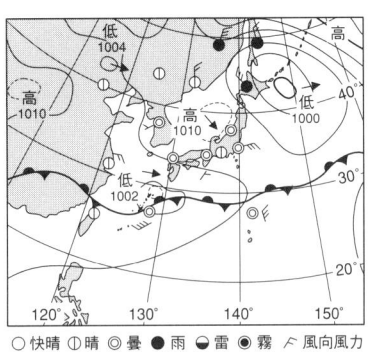

図 1.12　天気図

付近の気圧の場というスカラー場を表す図で，風の方向と風速を表す矢印に
注目すれば，地表付近の風の速度の場というベクトル場を表す図である（図
1.12）．

電　場

帯電物体に作用する電気力は帯電物体の電荷に比例する．つまり，ある点
r に点電荷 Q がある場合，この電荷に作用
する電気力 F は電荷 Q に比例するので

$$F = Q\,E(r) \qquad (1.15)$$

と表せる．そこで点 r の点電荷 Q に作用す
る電気力を F とすると，F/Q は Q に無関
係で，

$$E(r) = \frac{F}{Q} \qquad (1.16)$$

と表せる．このように定義された場 $E(r)$ を
点 r の**電場**（工学では**電界**）とよぶ．つまり，
電荷 1 C 当りの電気力の強さがその点の電場

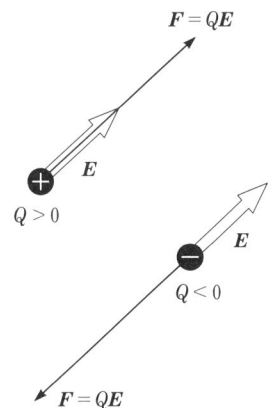

図 1.13　電場 E と電荷 Q に
　作用する電気力 F の関係

の強さで，正電荷に作用する電気力の向きが電場の向きである．力の国際単位はニュートン (N)，電荷の国際単位はクーロン (C) なので，電場の国際単位は N/C である．(1.15) から，正電荷は電場と同じ向きの電気力を受け，負電荷は電場と逆向きの電気力を受けることがわかる (図 1.13)．この章では，静電場とよばれる静止している電荷の作る電場を考える．

各点の電場 $E(r)$ は，周囲の電荷の配置によって場所ごとに決まるベクトル量である（ただし，点電荷 Q をもち込んだために周囲の電荷分布が変化しない場合を考える）．したがって，電場 $E(r)$ はベクトル場で，x 成分 $E_x(r)$, y 成分 $E_y(r)$, z 成分 $E_z(r)$ をもつ．

$$E(r) = (E_x(r), E_y(r), E_z(r)) \tag{1.17}$$

物理学では，

> 帯電した物体の周囲の空間は，そこに置かれた電荷に電気力を作用するような性質をもつ

と考え，

> このような性質をもつ空間を電場とよぶ

と考えてよい．

電場は仮想的なものではない．家庭でラジオが聞け，テレビを視聴できるのは，送信所のアンテナから電波が電場の振動として家庭まで秒速 30 万 km の速さで伝わってきて，アンテナの周囲の振動する電場がアンテナの中の自由電子に電気力をおよぼして，振動電流を発生させるからである．電波は宇宙空間も伝わるので，真空中にも電場は存在する．

[**例題 1.3**] 空間のある点に 3.0×10^{-6} C の点電荷を置いたら 6.0×10^{-4} N の力を受けた．

(1) この点の電場の強さはいくらか．

(2) 同じ点に -6.0×10^{-6} C の電荷を置くと，どのような力を受け

[解] (1) $E = \dfrac{F}{Q} = \dfrac{6.0 \times 10^{-4}\,\mathrm{N}}{3.0 \times 10^{-6}\,\mathrm{C}} = 2.0 \times 10^2\,\mathrm{N/C}$

(2) $F = QE = -6.0 \times 10^{-6}\,\mathrm{C} \times 2.0 \times 10^2\,\mathrm{N/C} = -1.2 \times 10^{-3}\,\mathrm{N}$

力の向きは,最初の力と逆向きである.

原点にある点電荷 Q_1 は,その周囲に電場を作る.原点に置いた点電荷 Q_1 が位置ベクトル $\boldsymbol{r} = (x, y, z)$ の点にある点電荷 Q に作用する電気力 $\boldsymbol{F}$ は

$$\boldsymbol{F} = \frac{QQ_1}{4\pi\varepsilon_0 r^2}\frac{\boldsymbol{r}}{r} \quad (1.18)$$

である.ここで,$r = (x^2 + y^2 + z^2)^{1/2}$ である.

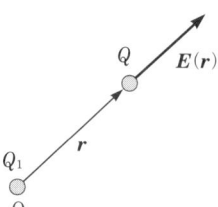

図 1.14 $Q_1 > 0$ の場合

$\boldsymbol{i}$, $\boldsymbol{j}$, $\boldsymbol{k}$ を $+x$, $+y$, $+z$ 方向を向いた長さが 1 の単位ベクトルとすると,$\boldsymbol{r} = x\boldsymbol{i} + y\boldsymbol{j} + z\boldsymbol{k}$ なので,**原点にある点電荷 Q_1 が位置ベクトル $\boldsymbol{r}$ の点に作る電場 $\boldsymbol{E}(\boldsymbol{r})$ は**

$$\boldsymbol{E}(\boldsymbol{r}) = \frac{Q_1}{4\pi\varepsilon_0 r^2}\frac{\boldsymbol{r}}{r} = \frac{Q_1}{4\pi\varepsilon_0 r^2}\frac{x\boldsymbol{i} + y\boldsymbol{j} + z\boldsymbol{k}}{(x^2 + y^2 + z^2)^{1/2}} \quad (1.19)$$

で(図 1.14),その大きさは

$$E(\boldsymbol{r}) = \frac{Q_1}{4\pi\varepsilon_0 r^2} \quad (1.20)$$

である.この場合の電場 $\boldsymbol{E}(\boldsymbol{r})$ の方向は原点から放射状の方向($\boldsymbol{r}$ の方向)で,向きは $Q_1 > 0$ なら外向き,$Q_1 < 0$ なら内向きである.

点 $\boldsymbol{r}_1$ にある点電荷 Q_1 からの相対位置ベクトルが $\boldsymbol{r} - \boldsymbol{r}_1$ の点 $\boldsymbol{r}$ に第 2 の点電荷 Q があるとき,点電荷 Q にはたらく電気力 $\boldsymbol{F}$ は,(1.7) から

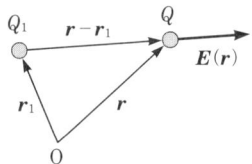

図 1.15 $Q_1 > 0$ の場合

22   1. 真空中の電荷と静電場

$$F = \frac{QQ_1}{4\pi\varepsilon_0|r-r_1|^2}\frac{r-r_1}{|r-r_1|} \quad (1.21)$$

であることがわかる．したがって，点 $r_1 = (x_1, y_1, z_1)$ にある点電荷 Q_1 がその周囲の点 $r = (x, y, z)$ に作る電場 $E(r)$ は

$$E(r) = \frac{Q_1}{4\pi\varepsilon_0}\frac{(x-x_1)\boldsymbol{i}+(y-y_1)\boldsymbol{j}+(z-z_1)\boldsymbol{k}}{[(x-x_1)^2+(y-y_1)^2+(z-z_1)^2]^{3/2}}$$

(1.22)

である (図 1.15)．

例1． 1 C の電荷から 1 m 離れた点での電場の強さは

$$E = \frac{Q}{4\pi\varepsilon_0 r^2}$$
$$= (8.988\times 10^9\,\text{N·m}^2/\text{C}^2) \times \frac{1\,\text{C}}{(1\,\text{m})^2}$$
$$= 8.988\times 10^9\,\text{N/C}$$

となる．

[**例題 1.4**] 原点 $(0, 0, 0)$ にある $1\,\mu\text{C}\,(=10^{-6}\,\text{C})$ の点電荷による，点 $(x, y, z) = (1\,\text{m}, 1\,\text{m}, 0)$ における電場を求めよ．

[**解**] (1.22) を使うと，
$E = (8.988\times 10^9\,\text{N·m}^2/\text{C}^2)$
$\quad \times \dfrac{10^{-6}\,\text{C}}{(\sqrt{2}\,\text{m})^2}\dfrac{(1-0)\boldsymbol{i}+(1-0)\boldsymbol{j}+(0-0)\boldsymbol{k}}{[(1-0)^2+(1-0)^2+(0-0)^2]^{1/2}}$
$= (3.178\times 10^3\,\text{N/C})\boldsymbol{i} + (3.178\times 10^3\,\text{N/C})\boldsymbol{j}$

である (図 1.16)．電場 E の強さ E と，電場 E が $+x$ 方向となす角 θ は

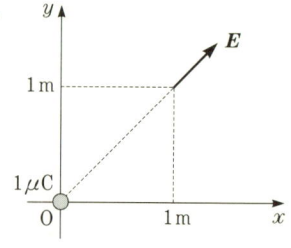

図 1.16

$$E = [(3.178\times 10^3)^2 + (3.178\times 10^3)^2]^{1/2}\,\text{N/C}$$
$$= 4.494\times 10^3\,\text{N/C}$$
$$\theta = \tan^{-1} 1 = 45°$$

となる．

電場の重ね合せの原理

すべての電荷はその周りに電場を作る．点電荷 Q_1 だけがあるときにそれが作る電場を $\boldsymbol{E}_1(\boldsymbol{r})$, 点電荷 Q_2 だけがあるときにそれが作る電場を $\boldsymbol{E}_2(\boldsymbol{r})$ とすると，2つの点電荷 Q_1 と Q_2 があるときに，この2つの点電荷の作る電場 $\boldsymbol{E}(\boldsymbol{r})$ は

$$\boldsymbol{E}(\boldsymbol{r}) = \boldsymbol{E}_1(\boldsymbol{r}) + \boldsymbol{E}_2(\boldsymbol{r}) \tag{1.23}$$

である（図1.17）．(1.23)を成分で表すと，次のようになる．

$$\left.\begin{array}{l} E_x(\boldsymbol{r}) = E_{1x}(\boldsymbol{r}) + E_{2x}(\boldsymbol{r}) \\ E_y(\boldsymbol{r}) = E_{1y}(\boldsymbol{r}) + E_{2y}(\boldsymbol{r}) \\ E_z(\boldsymbol{r}) = E_{1z}(\boldsymbol{r}) + E_{2z}(\boldsymbol{r}) \end{array}\right\} \tag{1.23}'$$

点電荷が3個以上あるときも同様である．すなわち，いくつかの点電荷があるときに生じる電場は，個々の点電荷だけがあるときに生じる電場のベクトル和に等しい．

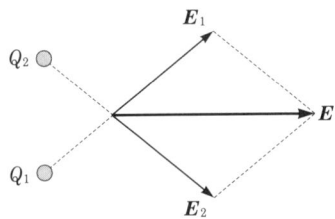

図 1.17　$\boldsymbol{E} = \boldsymbol{E}_1 + \boldsymbol{E}_2$

$$\boldsymbol{E}(\boldsymbol{r}) = \boldsymbol{E}_1(\boldsymbol{r}) + \boldsymbol{E}_2(\boldsymbol{r}) + \cdots + \boldsymbol{E}_N(\boldsymbol{r}) \tag{1.24}$$

これを**電場の重ね合せの原理**という．

2つの点電荷 Q_1, Q_2 がある場合に，点 $\boldsymbol{r}$ にある第3の電荷 Q_3 にはたらく電気力は

$$\boldsymbol{F}_3 = Q_3\,\boldsymbol{E}(\boldsymbol{r}) = Q_3\,\boldsymbol{E}_1(\boldsymbol{r}) + Q_3\,\boldsymbol{E}_2(\boldsymbol{r}) \tag{1.25}$$

である．

[**例題 1.5**] 原点 $O(0, 0, 0)$ にある $2\,\mu\mathrm{C}$ の点電荷 Q_1 と点 $(2\,\mathrm{m}, 0, 0)$ にある $-3\,\mu\mathrm{C}$ の点電荷 Q_2 による，点 $(0, 2\,\mathrm{m}, 0)$ における電場 $\boldsymbol{E}$ を求めよ（図1.18）．

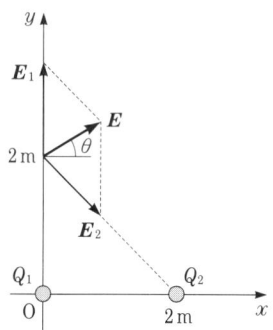

図 1.18

24　1. 真空中の電荷と静電場

[解]　$\boldsymbol{E} = (8.988 \times 10^9 \text{ N·m}^2/\text{C}^2)$

$$\times \frac{2 \times 10^{-6} \text{ C}}{(2 \text{ m})^2} \frac{(0-0)\boldsymbol{i} + (2-0)\boldsymbol{j} + (0-0)\boldsymbol{k}}{[(0-0)^2 + (2-0)^2 + (0-0)^2]^{1/2}}$$

$$+ (8.988 \times 10^9 \text{ N·m}^2/\text{C}^2)$$

$$\times \frac{-3 \times 10^{-6} \text{ C}}{(2\sqrt{2} \text{ m})^2} \frac{(0-2)\boldsymbol{i} + (2-0)\boldsymbol{j} + (0-0)\boldsymbol{k}}{[(0-2)^2 + (2-0)^2 + (0-0)^2]^{1/2}}$$

$$= (4.494 \times 10^3 \boldsymbol{j}) \text{ N/C} + (2.383 \times 10^3 \boldsymbol{i} - 2.383 \times 10^3 \boldsymbol{j}) \text{ N/C}$$

$$= (2.383 \times 10^3 \boldsymbol{i} + 2.111 \times 10^3 \boldsymbol{j}) \text{ N/C}$$

電場 $\boldsymbol{E}$ の強さ E と，電場 $\boldsymbol{E}$ が $+x$ 方向となす角 θ は以下となる．

$$E = [(2.383 \times 10^3)^2 + (2.111 \times 10^3)^2]^{1/2} \text{ N/C} = 3.18 \times 10^3 \text{ N/C}$$

$$\theta = \tan^{-1} \frac{2.111}{2.383} = 41.5° \quad (右上向き)$$

電気力線

空間の各点に，その点の電場を表す矢印を描き（図1.19(a)），線上の各点で電場を表すベクトルの矢印が接線になるような向きのある曲線（図(b)）を描くと，これが**電気力線**である．電気力線を描くときには，電気力線の密度が電場の強さに比例するように図示する．電気力線を使うと，電気力線の向

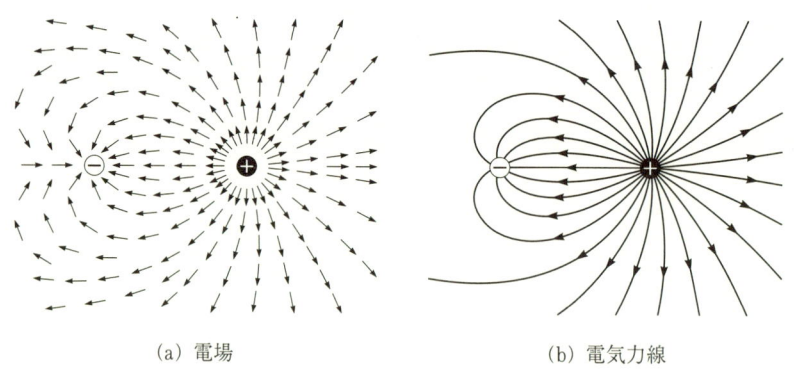

(a) 電場　　　　　　　　　　　(b) 電気力線

図 1.19　正負の電荷 +3C と -1C が作る電場と電気力線

きで電場の向きを知り，電気力線の密度で電場の強さを知ることができる．つまり，電場の様子は電気力線によって図示できる．いくつかの場合の電気力線を図 1.20 に示す．

2 本の電気力線が交わると，交点で電場の方向が 2 方向あることになるので，電荷のある所と電場がゼロの所を除いて，電気力線は決して交わらないし，枝別れしない．つまり，

> 電気力線は正電荷で発生し，負電荷で消滅するが，途中で途切れたり，新しく発生したりはしない．

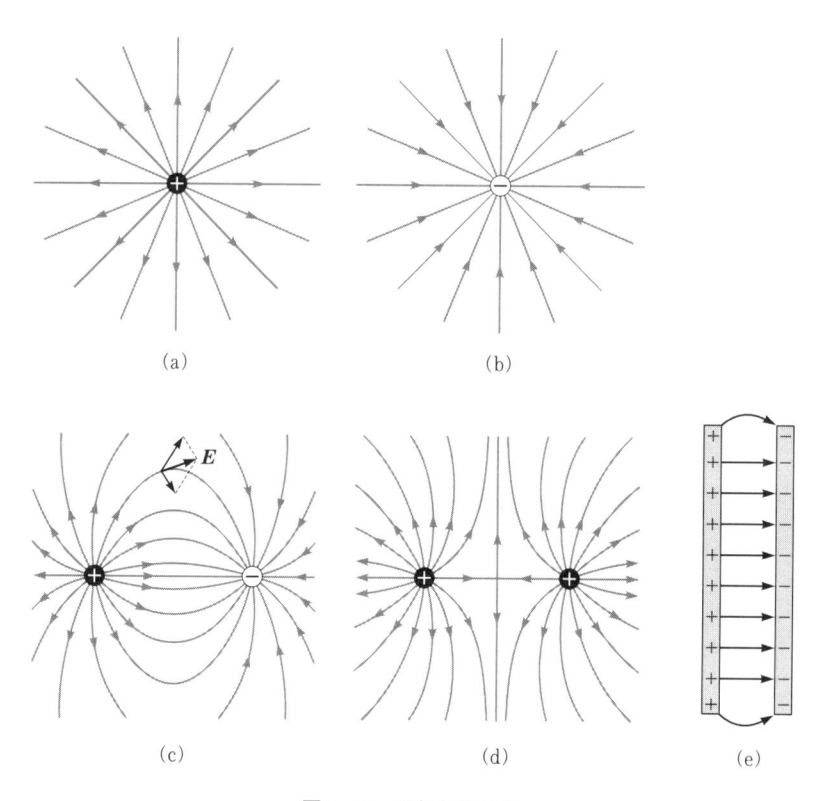

図 1.20　電気力線の例

ただし，電荷の和がゼロでない場合には，どこまでも伸びている電気力線がある（図 1.20(a), (b), (d)）．

向きも強さも場所によらない一定な電場を，一様な電場という．一様な電場の電気力線は平行で，間隔が一定である（図(e)）．

§1.6　電気双極子

電気双極子とよばれる近接した正と負の電荷のペアが作る電場を計算する．

[**例題 1.6**]　点 $(a, 0, 0)$ と $(-a, 0, 0)$ にそれぞれ点電荷 q と $-q$ を置いたとき，点 $(x, y, 0)$ の電場を求めよ．ただし，$a \ll \sqrt{x^2 + y^2}$ とする．

[**解**]　2つの電荷 $q, -q$ の作る電場は (1.22) と (1.23) を使うと，

$$\left.\begin{aligned}
E_x(x, y, 0) &= \frac{q}{4\pi\varepsilon_0}\left\{\frac{x-a}{[(x-a)^2+y^2]^{3/2}} - \frac{x+a}{[(x+a)^2+y^2]^{3/2}}\right\} \\
E_y(x, y, 0) &= \frac{q}{4\pi\varepsilon_0}\left\{\frac{y}{[(x-a)^2+y^2]^{3/2}} - \frac{y}{[(x+a)^2+y^2]^{3/2}}\right\} \\
E_z(x, y, 0) &= 0
\end{aligned}\right\} \tag{1.26}$$

となる．

ここで，$r^2 = x^2 + y^2$, $x = r\cos\theta$, $y = r\sin\theta$ とおく．この場合は $r \gg a$ である．$|x| \ll 1$ のときには $(1+x)^n \fallingdotseq 1 + nx$ であることを使うと，

$$\left.\begin{aligned}
\frac{1}{[(x-a)^2+y^2]^{3/2}} &= \frac{1}{(r^2 - 2ar\cos\theta + a^2)^{3/2}} \\
&= \frac{1}{r^3\left(1 - 2\dfrac{a}{r}\cos\theta + \dfrac{a^2}{r^2}\right)^{3/2}} \\
&\fallingdotseq \frac{1}{r^3}\left(1 + 3\dfrac{a}{r}\cos\theta\right) \\
\frac{1}{[(x+a)^2+y^2]^{3/2}} &\fallingdotseq \frac{1}{r^3}\left(1 - 3\dfrac{a}{r}\cos\theta\right)
\end{aligned}\right\} \tag{1.27}$$

と近似できる．ここで $(a/r)^2$ に比例する項は無視した．(1.27) を (1.26) に代入し，やはり $(a/r)^2$ に比例する項を無視すると，

$$E_x \fallingdotseq \frac{p}{4\pi\varepsilon_0 r^3}(3\cos^2\theta - 1)$$
$$E_y \fallingdotseq \frac{3p}{4\pi\varepsilon_0 r^3}\sin\theta\cos\theta \quad (p = 2qa) \tag{1.28}$$

となる.

電気双極子の電場の場合，(1.28) の x 成分，y 成分より，第3章の演習問題［8］で求める電場の動径方向成分 E_r とそれに垂直な成分 E_θ,

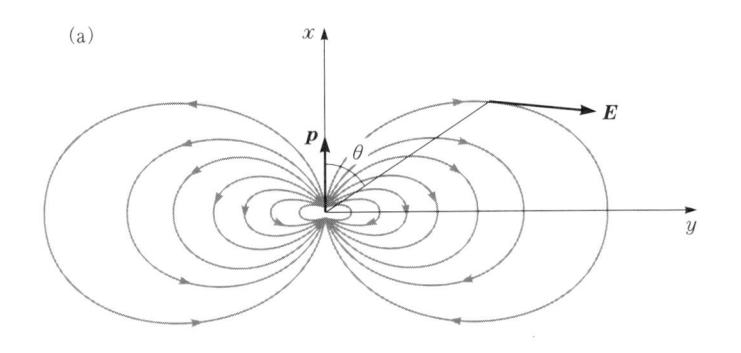

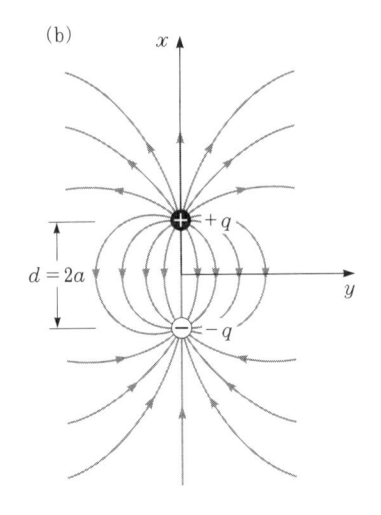

図 1.21 電気双極子の作る電場
(a) 電気双極子の作る電場の様子（x 軸，y 軸の向きが普通とは違うことに注意）
(b) 原点付近の拡大図

28　1. 真空中の電荷と静電場

$$\left.\begin{array}{l} E_r = \dfrac{2p\cos\theta}{4\pi\varepsilon_0 r^3} \\[2mm] E_\theta = \dfrac{p\sin\theta}{4\pi\varepsilon_0 r^3} \end{array}\right\} \quad (1.28)'$$

の方が直観的にはわかりやすい（123頁参照）．

この例題のように，極めて接近している正負の電荷の対を**電気双極子**とよび，$p = 2qa$ を**電気双極子モーメント**とよぶ．負電荷 $-q$ から正電荷 q の方向を向き，長さが $p = 2qa$ のベクトル $\boldsymbol{p}$ も電気双極子モーメントとよぶ．（負電荷を始点とし正電荷を終点とするベクトルを $\boldsymbol{d}$ とすると，$\boldsymbol{p} = q\boldsymbol{d}$ である（$d = 2a$）．）

厳密には，qa を一定に保って $q \to \infty$，$a \to 0$ でのこの一対の正負の電荷を電気双極子とよぶ．電気双極子の作る電場の様子を図 1.21 に示す．

一様な電場が電気双極子に作用する電気力

電気双極子 $\boldsymbol{p}$ を一様な電場 $\boldsymbol{E}$ の中に置くと，正電荷 q には電気力 $q\boldsymbol{E}$，負電荷 $-q$ には電気力 $-q\boldsymbol{E}$ が作用する．したがって，この電気双極子 $\boldsymbol{p} = q\boldsymbol{d}$ に作用する電気力は，合力がゼロで，偶力であり，偶力のモーメント $\boldsymbol{N}$ は

$$\boldsymbol{N} = \boldsymbol{p} \times \boldsymbol{E} \tag{1.29}$$

である（図 1.22）．電気双極子モーメント $\boldsymbol{p} = q\boldsymbol{d}$ と電場 $\boldsymbol{E}$ のなす角を θ とすると，偶力のモーメントの大きさは

$$N = pE\sin\theta \quad (1.29)'$$

である．偶力は角 θ を小さくする向きに作用する．

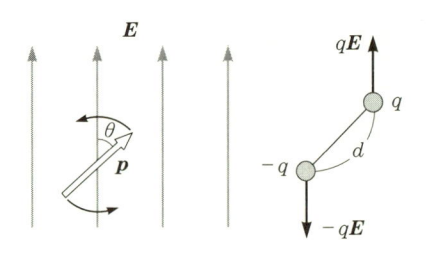

図 1.22　電気双極子に作用する電気力

§1.7 電荷が連続的に分布している場合の電場

点 $r = (x, y, z)$ における電荷密度を $\rho(x, y, z)$ とすると，点 $r' = (x', y', z')$ の近傍にある 体積が $\Delta x' \Delta y' \Delta z'$ の微小な直方体の内部の電気量は

$$\rho(x', y', z')\, \Delta x' \Delta y' \Delta z'$$

である．この微小な電気量が点 $r = (x, y, z)$ に作る電場 $\Delta E(r)$ は

$$\Delta E(r) = \frac{1}{4\pi\varepsilon_0} \frac{\rho(x', y', z')\, \Delta x' \Delta y' \Delta z'\, (r - r')}{[(x - x')^2 + (y - y')^2 + (z - z')^2]^{3/2}} \quad (1.30)$$

である．電荷が連続的に分布している領域を体積が $\Delta x' \Delta y' \Delta z'$ の小さな領域に分割すると，点 $r = (x, y, z)$ における電場 $E(r)$ は，個々の微小な領域にある電荷の作る電場 (1.30) の和である．$\Delta x' \Delta y' \Delta z' \to 0$ の極限をとると，和は体積分で表されて，点 $r = (x, y, z)$ における電場は

$$E(r) = \frac{1}{4\pi\varepsilon_0} \int dx' \int dy' \int dz' \frac{\rho(x, y, z)\,(r - r')}{[(x - x')^2 + (y - y')^2 + (z - z')^2]^{3/2}}$$

$$(1.31)$$

となる．電場 $E(r)$ の x 成分，y 成分，z 成分は，(1.31) の積分中の分子の $r - r'$ をその x 成分，y 成分，z 成分の $x - x'$，$y - y'$，$z - z'$ で置き換えたもので与えられる．

電荷が表面上に連続的に分布している場合には，密度の代りに面密度（単位面積当りの電荷）を考えればよい．この場合の電場は面積分で表される．

[**例題 1.7**]（1） 半径 R の円周上に電荷 Q が一様に分布している．この円の中心軸上にあって円の中心から距離 z の点 P の電場 E の強さ E は

$$E = \frac{Qz}{4\pi\varepsilon_0 (R^2 + z^2)^{3/2}} \quad (1.32)$$

であることを示せ（図 1.23）

（2） 半径 R の絶縁体の円盤上に電荷が面密度 σ で一様に分布している．この円盤の中心軸上にあって，円盤からの距離が z の点の電場の強さ

30   1. 真空中の電荷と静電場

E は

$$E = \frac{\sigma}{2\varepsilon_0}\left\{1 - \frac{z}{(R^2 + z^2)^{1/2}}\right\} \quad (1.33)$$

であることを示せ．

（3） $R \gg z$ の場合に，(1.33) は

$$E = \frac{\sigma}{2\varepsilon_0} \quad (1.34)$$

となることを示せ．

[解] 電荷分布は円の中心軸の周りに軸対称なので，中心軸上の電場は中心軸（z 軸）の方向を向いている．

（1） 図1.23の長さ ds の部分の電荷 dQ による電場の強さは $dE = dQ/4\pi\varepsilon_0 r^2$，電場 $\boldsymbol{E}$ の方向は z 軸の方向なので，

$$E = \sum dE \cos\theta = \frac{\cos\theta}{4\pi\varepsilon_0 r^2} \sum dQ$$
$$= \frac{Q}{4\pi\varepsilon_0(R^2 + z^2)} \frac{z}{(R^2 + z^2)^{1/2}}$$
$$= \frac{Qz}{4\pi\varepsilon_0(R^2 + z^2)^{3/2}}$$

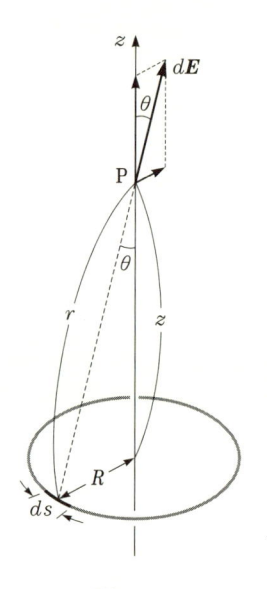

図 1.23

となる．

（2） 円盤を半径 r，幅 dr の円環（面積 $2\pi r\,dr$，電荷 $2\pi\sigma r\,dr$）の和だと考えると（この r は（1）の r とは違うことに注意），

$$E = \frac{2\pi\sigma z}{4\pi\varepsilon_0}\int_0^R \frac{r\,dr}{(r^2 + z^2)^{3/2}}$$
$$= -\frac{\sigma z}{2\varepsilon_0}\frac{1}{(r^2 + z^2)^{1/2}}\bigg|_0^R$$
$$= \frac{\sigma}{2\varepsilon_0}\left\{1 - \frac{z}{(R^2 + z^2)^{1/2}}\right\} \quad (z > 0 \text{ の場合})$$

となる．

（3） $R \gg z$ のときは $z/(R^2 + z^2)^{1/2} \fallingdotseq 0$ なので，（2）より $E = \sigma/2\varepsilon_0$ となる．

§1.8 電気力線束と電束

電気力線を,その密度が電場の強さに比例するように描くことにする.この場合に電気力線の密度のとり方は任意であるが,ここでは,強さが1 N/Cの電場では,電場の向きに垂直な面積が1 m²の平面の中に電気力線が1本の割合になるように描くと約束する(頭の中で仮想するだけであるから,電場の強さが中途半端な大きさでも力線を描けないと心配する必要はない).

一様な電場の電気力線束

上に約束したような密度で電気力線を描くと,一様な電場 E [N/C] に垂直な面積が A [m²] の平面 S を貫く電気力線の数 Φ_E は

$$\Phi_E = EA \tag{1.35}$$

である(図 1.24(a)).$\Phi_E = EA$ を,平面 S を貫く**電気力線束**という.

(a) $\Phi_E = EA$ (b) $\Phi_E = EA\cos\theta$

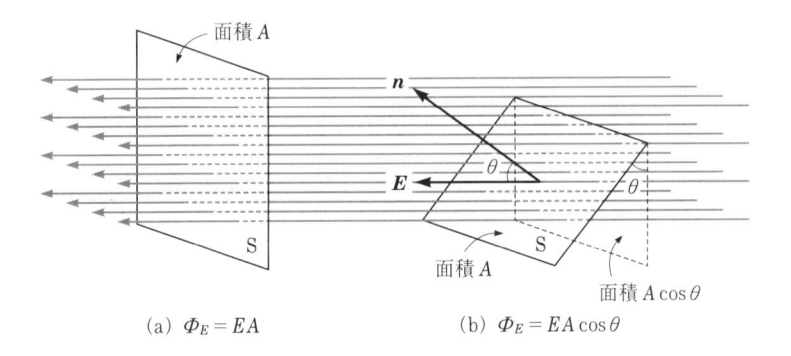

図 1.24 電気力線束 Φ_E

面積 A の平面 S が電場 E に垂直ではなく,平面 S の法線ベクトル n(平面 S に垂直で大きさが1のベクトル,$|n| = 1$)と電場 E のなす角が θ のときには,この平面 S を貫く電気力線の数,つまり,電気力線束 Φ_E は

$$\Phi_E = EA\cos\theta \tag{1.36}$$

である．(図1.24(b))．$0° \leq \theta < 90°$ の場合は $\Phi_E > 0$ で，$\theta = 90°$ の場合は $\Phi_E = 0$，$90° < \Phi_E \leq 180°$ の場合は $\Phi_E < 0$ である．法線ベクトル $\boldsymbol{n}$ の向きが裏→表の向きになるように平面Sの表と裏を定義すると，$\Phi_E > 0$ は電気力線が裏→表の向きに，$\Phi_E < 0$ は電気力線が表→裏の向きに通り抜けることを意味している．

電場 $\boldsymbol{E}$ の法線ベクトル $\boldsymbol{n}$ 方向の成分 $\boldsymbol{E} \cdot \boldsymbol{n} = E\cos\theta$ を E_n と記すと (図1.25)，電気力線束 Φ_E (1.36) は

$$\Phi_E = \boldsymbol{E} \cdot \boldsymbol{n} A = E_n A$$

$$(E_n = \boldsymbol{E} \cdot \boldsymbol{n} = E\cos\theta) \quad (1.36)'$$

となる．面積が A で，裏表があり，法線ベクトルが $\boldsymbol{n}$ の平面Sを表すベクトル $\boldsymbol{A}$ を

$$\boldsymbol{A} = A\boldsymbol{n} \quad (1.37)$$

と定義すると (図1.26)，電気力線束 Φ_E (1.36) は

$$\Phi_E = \boldsymbol{E} \cdot \boldsymbol{A} \quad (1.36)''$$

となる．電気力線束 Φ_E の3通りの定義 (1.36)，(1.36)′, (1.36)″ は一長一短があるので，場合に応じてどれかを使うことにする．

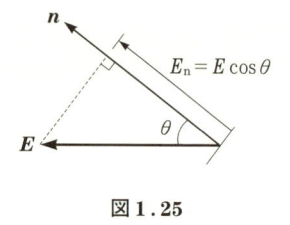

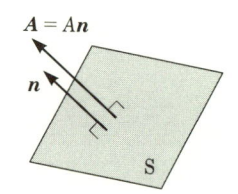

図 1.25

図 1.26 面積 A の面Sを表すベクトル $\boldsymbol{A} = A\boldsymbol{n}$

曲面を貫く電気力線束

面Sが平面ではなく，また電場 $\boldsymbol{E}$ が一様でない場合の，面Sを貫く電気力線束 (電気力線の数) は次のようにして求める．この場合には，曲面Sを多数の微小な部分に分割し，各微小部分に1, 2, … の番号を付ける．各微小部分は微小平面で近似できるほど小さく，またその上では電場がほぼ一定だと近似できるほど小さいとする．i 番目の微小平面 S_i の面積を ΔA_i，法線ベクトルを $\boldsymbol{n}_i$，そこでの電場を $\boldsymbol{E}_i$，電場の法線方向成分を E_{in} とすると (図1.27)，この微小平面 S_i を貫く電気力線束 $\Delta \Phi_{E_i}$ は

§1.8 電気力線束と電束   33

$$\Delta\Phi_{E_i} = E_{in}\,\Delta A_i$$
$$= \bm{E}_i\cdot\bm{n}_i\,\Delta A_i$$
$$= \bm{E}_i\cdot\Delta\bm{A}_i \quad (1.38)$$

などと表せる．

ベクトル $\Delta\bm{A}_i$ は，面積が ΔA_i で，裏表があり，法線ベクトルが $\bm{n}_i$ の微小平面 S_i を表すベクトル，

$$\Delta\bm{A}_i = \Delta A_i\,\bm{n}_i \quad (1.39)$$

である（図 1.28）．$\Delta\bm{A}_i$ の大きさ $|\Delta\bm{A}_i|$ は微小平面の面積 ΔA_i（$|\Delta\bm{A}_i| = \Delta A_i$）で，向きは微小平面の法線ベクトル $\bm{n}_i$ の向きである．

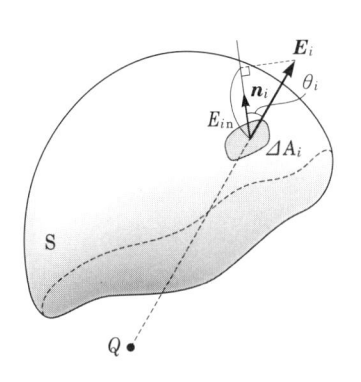

図 1.27 面 S を微小曲面に分割したときの i 番目の微小曲面を貫く電気力線束

そこで，面 S 全体を貫く電気力線束 Φ_E は，各微小平面を貫く電気力線束の和 $\Delta\Phi_{E_1} + \Delta\Phi_{E_2} + \cdots$ をとり，各微小平面の大きさを限りなく小さくし，微小平面の数 N を無限大にした極限での和の値である．この極限での和の値を，面積分を使って次のように表す．

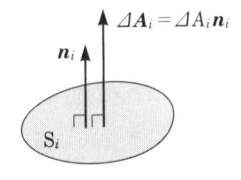

図 1.28 微小平面 S_i を表すベクトル $\Delta\bm{A}_i = \Delta A_i\,\bm{n}_i$

$$\Delta\Phi_E = \lim_{\Delta A_i\to 0, N\to\infty}\sum_{i=1}^{N} E_{in}\,\Delta A_i$$
$$= \iint_S E_n\,dA = \iint_S \bm{E}\cdot d\bm{A} \quad (1.40)$$

この積分には微小線分の長さ dx の代りに，微小平面の面積 dA が現れるので，このような積分を**面積分**という．xy 平面上の点が 2 つの数 x, y で指定されるように，曲面上の点も 2 つの数で指定されるので，面積分には 2 重積分記号を使う．積分記号の右下の S は積分領域が面 S であることを示す．

曲面 S の表面積 A は

34   1. 真空中の電荷と静電場

$$A = \lim_{\Delta A_i \to 0, N \to \infty} \sum_{i=1}^{N} \Delta A_i = \iint_S dA \tag{1.41}$$

と表されるが，その意味は明らかであろう．

§1.9　ガウスの法則

　物理学では対象の対称性を利用することが多い．電磁気学でも，電荷分布が対称性をもつ場合に電場の計算が簡単になり，電流分布が対称性をもつ場合に磁場の計算が簡単になることが多い．

　電荷はその周囲に電場を作る．電荷と電場の関係を示す法則がクーロンの法則である．電荷が広がって分布している場合の電場は，各部分の電荷がクーロンの法則に従って作る電場を重ね合わせたものである．このような場合の電場の計算では，§1.7 で示したように，積分を実行せねばならず，計算は複雑なのが普通である．

　しかし，電荷分布が球対称や回転対称な場合，あるいは無限に広い平面上に一様に分布している場合のように，電荷分布が平行移動での対称性をもつ場合などには，電場や電気力線の様子も同じ対称性をもつ．そこで，このような場合には，§1.5 で学んだ，「電気力線は，正電荷を始点とし，途中で途切れたり枝分かれせず，負電荷を終点とする，向きのある曲線である」という電気力線の性質を使うと，面倒な計算をしなくても，電場が簡単に求められる．

　たとえば，電荷 Q が球面上に一様に分布している場合には，電気力線の分布は図 1.29(a) のようになる．したがって，

(1) 電気力線の存在しない球面の内部では電場がゼロ

(2) 電気力線が放射状に分布している球面の外部での電場は，図(b)に示す球面上の全電荷 Q が球面の中心にある場合の電場と同じ

であることがわかる．

　対称性を利用すると電場の計算が簡単になる事実の基礎には，クーロン力

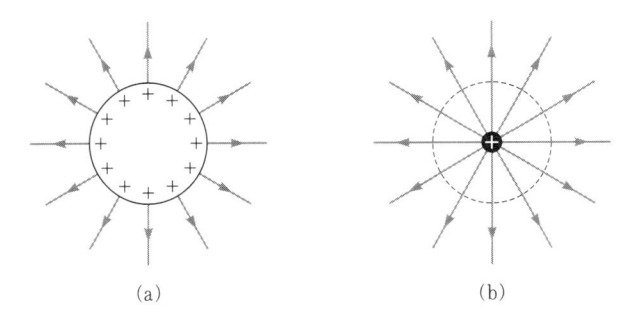

§1.9 ガウスの法則

図 1.29
(a) 電荷 Q が球面上に一様に分布している場合の電場
電気力線は球面上の電荷から球外に放射状に伸びていく．電気力線のない球面の内部では電場はゼロ．球面の外部の電場は，球の中心に全電荷 Q がある場合と同じ．
(b) 電荷 Q が球の中心にある場合の電場

が電荷の距離の 2 乗に反比例することに基づくガウスの法則がある．

ガウスの法則では，仮想的な閉曲面を考える．閉曲面とは，風船や浮袋のように，空間をその内側の領域と外側の領域にはっきりと分離し，その結果，一方の領域から他の領域に移動するには，必ずその面を通過しなければならない面である．

ガウスの法則は，密度が電場の強さに比例するように電気力線を描くと，電気力線は途中で途切れないことを保証する法則であり，閉曲面を貫く電気力線束（電気力線の数）と閉曲面内部の電気量との関係を表す法則である．

点電荷 Q を始点とする電気力線束は $\Phi_E = Q/\varepsilon_0$

点電荷 Q が作る電場では，点電荷 Q から距離 r の点での電場の強さは $E = |Q|/4\pi\varepsilon_0 r^2$ である（図 1.30）．点電荷を中心とする半径 r の球面の法線 $\boldsymbol{n}$ の向きは，球の内側から外側を向いているとする．この球面上での電場 $\boldsymbol{E}$ は球面に垂直なので，電場の法線方向成分 E_n は符号まで含めて，

$$E_n = \frac{Q}{4\pi\varepsilon_0 r^2}$$

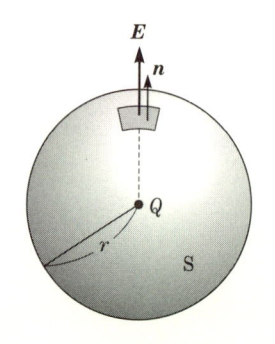

図 1.30 点電荷 Q を中心とする半径 r の球面上の電場 $\boldsymbol{E}$ （$Q>0$ の場合）

である．したがって，半径 r の球の表面積 $A = 4\pi r^2$ の球面を垂直に貫く電気力線束（電気力線の総数）Φ_E は

$$\Phi_E = \iint_{球面} E_n \, dA = E_n \iint_{球面} dA$$

$$= E_n A = \frac{Q}{4\pi\varepsilon_0 r^2} \times 4\pi r^2 = \frac{Q}{\varepsilon_0} \quad (1.42)$$

である．つまり，正電荷 Q からは総数 Q/ε_0 本の電気力線が発生し，負電荷 Q には総数 $|Q|/\varepsilon_0$ 本の電気力線が集まってくることがわかる．

点電荷 Q を中心とする半径 r の球面を貫いて出て行く電気力線束が，半径 r によらずに一定で Q/ε_0 である事実は，電場の強さ E が半径 r の 2 乗に反比例し，球の表面積が r^2 に比例するためである．

ガウスの法則

上に示した，点電荷を中心とする半径 r の球面を貫く電気力線束（電気力線の数）Φ_E が，半径 r によらずに一定である事実は，

> 電気力線の密度が電場の強さに比例するように電気力線を描くと，電気力線は正電荷で発生し負電荷で消滅するが，途中で途切れたり新しく発生したりはしない

ことを意味する．

したがって，点電荷 Q が作る電場 $\boldsymbol{E}$ の中に仮想的な閉曲面 S を考えると，

$\Phi_E =$「閉曲面 S を貫いて内部から外部へ出ていく電気力線の数」

　　　　$-$「閉曲面 S を貫いて外部から内部へ入る電気力線の数」

$$= \begin{cases} \dfrac{Q}{\varepsilon_0} & \text{(点電荷 Q が閉曲面 S の内部にある場合)} \\ 0 & \text{(点電荷 Q が閉曲面 S の外部にある場合)} \end{cases}$$

であることがわかる．これを式で表すと

$$\Phi_E = \iint_S E_n \, dA = \iint_S \boldsymbol{E} \cdot d\boldsymbol{A}$$

$$= \begin{cases} \dfrac{Q}{\varepsilon_0} & \text{(点電荷 Q が閉曲面 S の内部にある場合)} \\ 0 & \text{(点電荷 Q が閉曲面 S の外部にある場合)} \end{cases} \quad (1.43)$$

となる．ただし，閉曲面の法線ベクトルの向きは面の内側から外側を向いているものとする（図 1.31）．

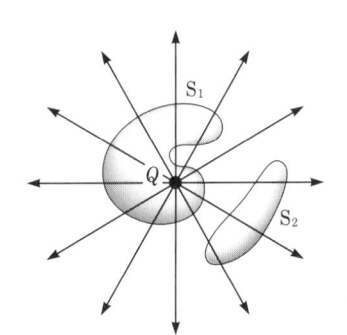

図 1.31 内部に点電荷 Q を含む閉曲面 S_1 を貫いて外へ出ていく電気力線の正味の本数は $Q/\varepsilon_0 (14-2=12)$．内部に電荷を含まない閉曲面 S_2 を貫いて外へ出ていく電気力線の正味の本数はゼロ $(3-3=0)$．

2個以上の電荷 $Q_1, Q_2, \cdots$ の作る電場 $\boldsymbol{E}$ の場合には，この電場は各電荷の作る電場 $\boldsymbol{E}_1, \boldsymbol{E}_2, \cdots$ の重ね合せ，$\boldsymbol{E} = \boldsymbol{E}_1 + \boldsymbol{E}_2 + \cdots$ で与えられる．したがって，この電場の中に仮想的な閉曲面 S を考えると，この閉曲面 S を貫いて内部から外部へ出ていく電気力線束 (正味の電気力線数) Φ_E は，(1.43) を使うと，この閉曲面 S の内部にある全電気量 $Q_{\text{in}} = Q_1 + Q_2 + \cdots$ の $1/\varepsilon_0$ 倍に等しいことがわかる（図 1.32）．すなわち，

38　1. 真空中の電荷と静電場

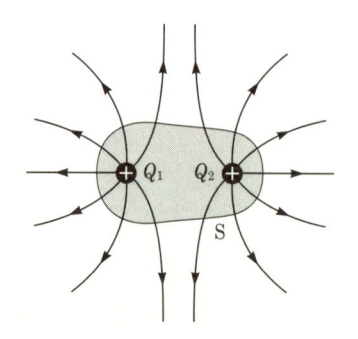

図 1.32 閉曲面 S の内部から外部に出てくる全電気力線数 $= (Q_1 + Q_2)/\varepsilon_0$

$$\iint_S E_n\, dA = \iint_S \sum_i E_{in}\, dA = \sum_i \iint_S E_{in}\, dA = \frac{1}{\varepsilon_0} \sum_i Q_i = \frac{Q_{in}}{\varepsilon_0} \tag{1.44}$$

である（E_{in} は i 番目の電荷 Q_i の作る電場 $\boldsymbol{E}_i$ の法線方向成分）．

したがって，

「閉曲面 S の内部から外へ出てくる電気力線束（正味の電気力線の数）Φ_E」

$$= \frac{\text{「閉曲面 S の内部の全電気量 } Q_{in}\text{」}}{\varepsilon_0}$$

$$\iint_S E_n\, dA = \iint_S \boldsymbol{E} \cdot d\boldsymbol{A} = \frac{Q_{in}}{\varepsilon_0} \tag{1.45}$$

である．正味とは，閉曲面の外側から内側へ入る電気力線の本数はマイナスと数えることを意味している．(1.45) を**電場のガウスの法則**あるいは単に**ガウスの法則**という．

例 1. 図 1.33 に示す正電荷 Q と負電荷 $-Q$ の作る電場にガウスの法則を適用すると，次のようになる．

閉曲面 S_1 の場合　　$\Phi_E = \dfrac{Q}{\varepsilon_0}$

閉曲面 S_2 の場合　　$\Phi_E = -\dfrac{Q}{\varepsilon_0}$

§1.9 ガウスの法則　39

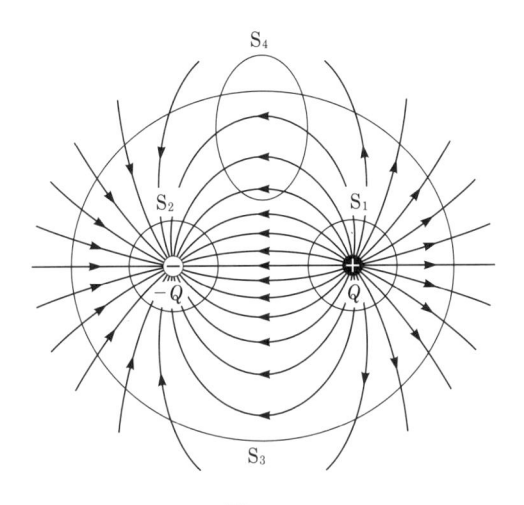

図 1.33

閉曲面 S_3 の場合　　$\Phi_E = \dfrac{Q + (-Q)}{\varepsilon_0} = 0$

閉曲面 S_4 の場合　　$\Phi_E = 0$

　電場のガウスの法則 (1.45) は，電磁気学の理論の基礎であるマクスウェル方程式とよばれる 4 つの基本法則の 1 つで，どのような状況でも成り立つ式である．

　(**参考**)　**(1.43) の別の証明と立体角**　　上に記した (1.43) の証明は満足すべきものと考えるが，立体角を使った証明も示そう．

　閉曲面 S 上の微小平面 S_i (面積 ΔA_i, 法線ベクトル $\boldsymbol{n}_i$, 原点からの距離 r_i) の縁と原点を結ぶ直線群の作る錐面を考える (図 1.34)．この錐面が原点を中心とする半径 1 の球面から切り取る微小面の面積を $\Delta\Omega_i$ とする．この錐面が原点を中心とする半径 r_i の球面から切り取る微小面の面積は $\Delta A_i \cos\theta_i$ である．半径と微小表面積の比例関係

$$\Delta A_i \cos\theta_i : \Delta\Omega_i = r_i^2 : 1 \tag{1.46}$$

から，関係

$$\Delta\Omega_i = \frac{\Delta A_i \cos\theta_i}{r_i^2} \tag{1.47}$$

が導かれる．この $\Delta\Omega_i$ を「微小平面 S_i が原点の周りに張る**立体角**」という．立体角 $\Delta\Omega_i$ には符号があり，原点から微小平面の裏側が見える $\cos\theta_i > 0$ のとき $\Delta\Omega_i > 0$ で，表が見える $\cos\theta_i < 0$ のとき $\Delta\Omega_i < 0$ である．立体角は無次元の量であるが，国際単位系で

はステラジアン（記号 sr）という名称がついている。全立体角は，半径1の球の表面積の 4π である。

原点にある電荷 Q が微小表面 S_i の所に作る電場 $\boldsymbol{E}_i$ の強さは $E_i = Q/4\pi\varepsilon_0 r_i^2$ なので，微小表面 S_i を貫く電気力線束 $\Delta\Phi_{E_i}$ は

$$\Delta\Phi_{E_i} = E_i \Delta A_i \cos\theta_i$$
$$= \frac{Q}{4\pi\varepsilon_0}\Delta\Omega_i$$
(1.48)

である。したがって，任意の閉曲面 S を貫く全電気力線束 Φ_E は，閉曲面 S が原点の周りに張る立体角 Ω と $Q/4\pi\varepsilon_0$ の積 $Q\Omega/4\pi\varepsilon_0$ である。ところで，原点が閉曲面の内部にある場合には $\Omega = 4\pi$ で，原点が閉曲面の内部にない場合には $\Omega = 0$ である（図1.31参照）。したがって，(1.43) が証明された。

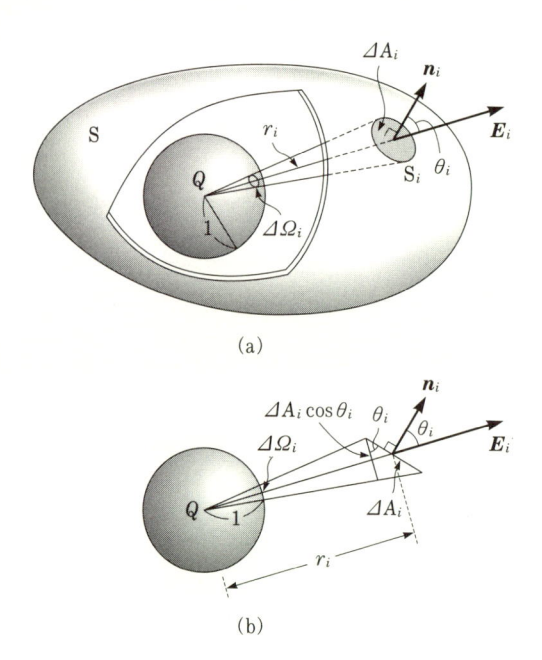

図1.34 微小表面 S_i が原点の周りに張る立体角 $\Delta\Omega_i$

真空中の電荷と電束のガウスの法則　真空中の電場の場合，電気力線束 Φ_E の ε_0 倍である

$$\psi_E = \varepsilon_0 \Phi_E \quad (真空中) \tag{1.49}$$

を**電束**という。真空中の電荷 Q からは電束 $\psi_E = \varepsilon_0(Q/\varepsilon_0) = Q$ が発生する。閉曲面 S から出てくる電束 ψ_E は，(1.45) から

$$\psi_E = Q_{\text{in}} \quad (真空中) \tag{1.50}$$

となり，閉曲面 S の内部の全電気量 Q_{in} に等しいことがわかる。これが真空中の**電束のガウスの法則**である。

§1.10　ガウスの法則の応用

電荷分布が対称性をもつ場合には，電場の方向は計算しなくてもわかる場合が多い。このような場合には，閉曲面 S として，

(1) その上で電場の強さが一定であり，かつ電場に垂直な面
(2) 電場に平行な面

を組み合わせたものを考えると，ガウスの法則から電場が簡単に求められる場合がある．いくつかの例を示す．

球対称な電荷分布の作る電場

電荷分布が球対称なので，球対称の中心の周りで電荷を回転しても電荷分布は変らず，したがって電場も変らない．このため，電気力線は球対称で放射状に分布する（図1.29(a)）．中心から半径 r の球面をガウスの法則の閉曲面に選ぶ．球面上で電場の強さは一定で，電場は球面に垂直なので，半径 r の球面上での電場の外向き法線方向成分を $E_n(r) = E(r)$ と記す．表面積 $A = 4\pi r^2$ の球面を貫く電気力線の数は $\Phi_E = E_n A = E(r) \cdot 4\pi r^2$ である．半径 r の球面の内部の全電気量を $Q(r)$ とすると（図1.35），ガウスの法則は

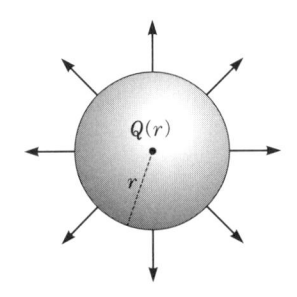

図1.35 球対称な場合
$$E(r) = \frac{Q(r)}{4\pi\varepsilon_0 r^2}$$
$E(r) > 0$ なら $\boldsymbol{E}(r)$ は矢印の向き，$E(r) < 0$ なら矢印と逆向きになる．

$$\Phi_E = E_n A = E(r)\cdot 4\pi r^2 = \frac{Q(r)}{\varepsilon_0} \tag{1.51}$$

となるので，

$$E(r) = \frac{Q(r)}{4\pi\varepsilon_0 r^2} \tag{1.52}$$

となる．電場の向きは位置ベクトル $\boldsymbol{r}$ の向きなので，$\boldsymbol{r}$ の向きを向いた長さが1のベクトル $\boldsymbol{r}/r$ を使って，点 $\boldsymbol{r}$ での電場 $\boldsymbol{E}(r)$ を

$$\boldsymbol{E}(r) = \frac{Q(r)}{4\pi\varepsilon_0 r^2}\frac{\boldsymbol{r}}{r} \tag{1.53}$$

と表せる．$Q(r) > 0$ なら電場の向きは外向きで，$Q(r) < 0$ なら電場の向きは内向きである．これらの事実から

42　1. 真空中の電荷と静電場

> 球対称な電荷分布が点 r に作る電場は，半径 r の球面内にある全電荷 $Q(r)$ が原点にあるとした場合の電場に等しい

ことがわかる．

例1. 半径 R の球面上に電荷 Q が一様に分布している場合には

$$Q(r) = \begin{cases} 0 & (r < R) \\ Q & (r > R) \end{cases} \quad (1.54)$$

なので，(1.54) を (1.52) に代入すると，この場合の電場 $E(r)$ は

$$E(r) = \begin{cases} 0 & (r < R) \\ \dfrac{Q}{4\pi\varepsilon_0 r^2} & (r > R) \end{cases} \quad (1.55)$$

であることがわかる (図 1.36)．
(1.55) から

> 球面上に電荷が一様に分布しているとき，この球面の内部には電荷が存在しないので ($Q(r) = 0$ なので)，この球面の内部での電場の強さはゼロである

ことがわかる．

[**例題 1.8**] 半径 R の球の内部に電荷が電荷密度 ρ で一様に分布している場合の電場を求めよ (球の全電荷は $Q =$

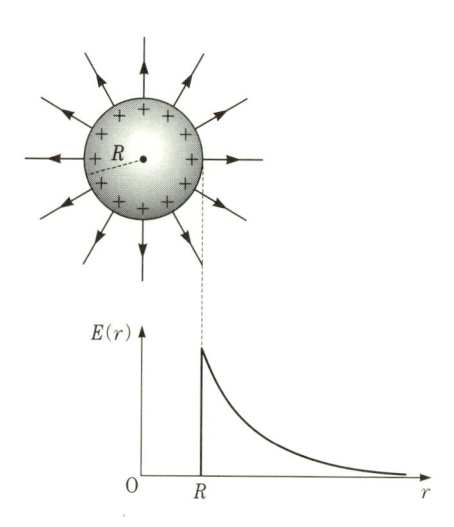

図 1.36 球面上に一様に分布した電荷が作る電場
球外の電場は，球面上の全電荷が原点にある場合の電場に等しい．球の内部の電場はゼロである．

§1.10 ガウスの法則の応用   43

$4\pi\rho R^3/3$ である）．

[解]
$$Q(r) = \begin{cases} \dfrac{4\pi\rho r^3}{3} & (r \leq R) \\ \dfrac{4\pi\rho R^3}{3} = Q & (r \geq R) \end{cases} \tag{1.56}$$

なので，(1.56) を (1.52) に代入すると，この場合の電場 $E(r)$ は，

$$E(r) = \begin{cases} \dfrac{\rho r}{3\varepsilon_0} = \dfrac{Qr}{4\pi\varepsilon_0 R^3} & (r \leq R) \\ \dfrac{\rho R^3}{3\varepsilon_0 r^2} = \dfrac{Q}{4\pi\varepsilon_0 r^2} & (r \geq R) \end{cases} \tag{1.57}$$

である．$r \leq R$ の点 r の電場 $\boldsymbol{E}(\boldsymbol{r})$ は，向きまで含めて，

$$\boldsymbol{E}(\boldsymbol{r}) = \frac{\rho r}{3\varepsilon_0}\frac{\boldsymbol{r}}{r} = \frac{\rho\boldsymbol{r}}{3\varepsilon_0} \qquad (r \leq R) \tag{1.58}$$

である．

例2. 図 1.37 のように，電荷密度 ρ で電荷が一様に分布している球の内部に球状の空洞がある．この場合の電場は，正電荷が球内に密度 ρ で一様に分布し，空洞内部には負電荷が電荷密度 $-\rho$ で一様に分布している場合の電場と同じである．したがって，[例題 1.8] の結果の (1.58) を利用すると，空洞内部での電場は

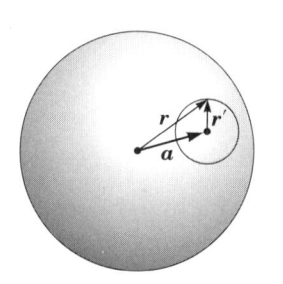

図 1.37

$$\boldsymbol{E}(\boldsymbol{r}) = \frac{\rho\boldsymbol{r}}{3\varepsilon_0} - \frac{\rho\boldsymbol{r}'}{3\varepsilon_0} = \frac{\rho}{3\varepsilon_0}(\boldsymbol{r} - \boldsymbol{r}') = \frac{\rho\boldsymbol{a}}{3\varepsilon_0} \tag{1.59}$$

である．$\boldsymbol{a}$ は球の中心を始点とし，空洞の中心を終点とするベクトルである．

軸対称であり軸方向の平行移動で不変な電荷分布の作る電場

たとえば，無限に長い円柱に一様に分布している電荷の作る電場はその一例である．電荷分布は円柱の軸の周りに軸対称で，軸方向の平行移動で不変で，軸に垂直な平面に関して対称である．したがって，電場もこのような対

称性をもつ．そこで，電気力線は円柱の表面に垂直で，放射状に一様に分布しており，その密度は軸方向には一定である．

図1.38のように，円柱と同じ軸をもつ半径 r，長さ L の円筒を考えて，ガウスの法則を適用する．円筒の2つの底面は電場に平行なので，2つの底面を電気力線は通り抜けない．半径 r の円筒の側面上では電場の強さは一定で，電場の向きは面に垂直なので，電場の側面の外向き法線方向成分を $E_n = E(r)$ とおくと，面積 $A = 2\pi r L$ の円筒の側面を通り抜けて外へ出て行く電気力線束は $\Phi_E = E_n A = E(r)\cdot 2\pi r L$ である．無限に長い円柱の単位長さ当りの電気量（電荷の線密度）を λ とすると，長さ L の円筒の内部にある全電気量は $Q_{in} = \lambda L$ である．したがって，この場合にガウスの法則は

$$\Phi_E = 2\pi r L \, E(r) = \frac{\lambda L}{\varepsilon_0} \quad (1.60)$$

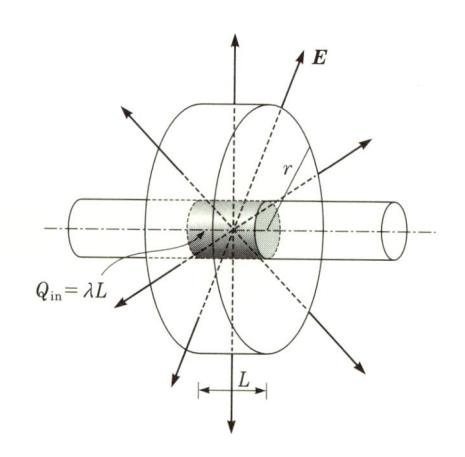

図1.38　軸対称な電荷分布の作る電場

となるので，円柱の中心軸から距離 r の点の電場 $E(r)$ は

$$E(r) = \frac{\lambda}{2\pi\varepsilon_0 r} \quad (1.61)$$

となる．ここでは r は無限に長い円柱の半径より大きいとした．もし小さければ，λ は半径 r の円筒の中の部分のみの単位長さ当りの電気量である．

なお，現実には無限に長い円柱状の電荷分布は存在しない．しかし，長い円柱に一様に電荷が分布している場合には，この円柱の両端付近以外の近所での電場は，円柱が無限に長い場合の電場とほぼ一致する．

§1.10 ガウスの法則の応用   45

[**例題 1.9**] 無限に長い 2 本の平行直線上にそれぞれ単位長さ当り λ_1, λ_2 の電荷があるとき，直線の単位長さの受ける力を求めよ．ただし，2 直線の距離を d とせよ．

[**解**] 一方の直線上の電荷が距離 d の直線の所に作る電場の強さは

$$E = \frac{\lambda_1}{2\pi\varepsilon_0 d}$$

である（(1.61) 参照）．この電場がもう一方の直線の単位長さにある電荷 λ_2 に作用する電気力は

$$F = \lambda_2 E = \frac{\lambda_1 \lambda_2}{2\pi\varepsilon_0 d} \qquad (\lambda_1\lambda_2 > 0 \text{ なら反発力}, \lambda_1\lambda_2 < 0 \text{ なら引力})$$

となる．

無限に広がった平らで薄い絶縁体に一様な面密度 σ で分布している電荷の作る電場（電荷の面密度とは，単位面積当りの電気量である）

電荷分布は帯電面に関して面対称であり，帯電面に平行な方向の平行移動および帯電面に垂直な軸の周りの回転で不変である．したがって，この電荷分布の作る電場は，図 1.39(a) のように，帯電面に垂直で一様であり，しか

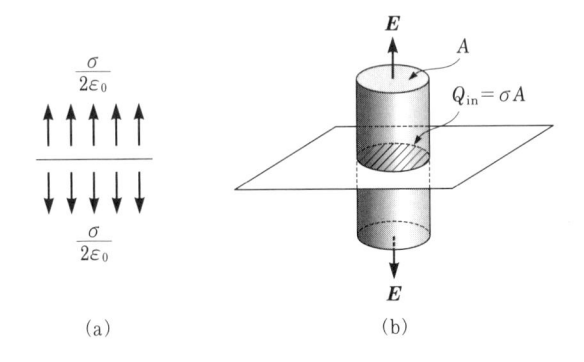

図 **1.39** 無限に広がった平面上に一様な面密度 σ で分布している電荷の作る電場（$\sigma > 0$ の場合）

46　1.　真空中の電荷と静電場

も面対称である．そこで，図 (b) のように，側面が帯電面に垂直で，2つの底面が帯電面に平行な円筒を閉曲面として選ぶ．円筒の側面は電場に平行なので，電気力線は通り抜けず，円筒の面積 A の2つの底面を垂直に通り抜ける電気力線束は $\Phi_E = 2E_n A = 2EA$ である．この円柱の内部の全電気量は $Q_{\text{in}} = \sigma A$ なので，ガウスの法則は

$$\Phi_E = 2EA = \frac{\sigma A}{\varepsilon_0} \tag{1.62}$$

となる．したがって，電場の強さは

$$E = \frac{\sigma}{2\varepsilon_0} \tag{1.63}$$

である．電場の向きは，$\sigma > 0$ なら図 1.39(a) のように帯電面から外向きで，$\sigma < 0$ なら逆向きで，帯電面の方へ向いている（図 1.40 の E_2 を参照）．なお，§1.7 の [例題 1.7] を参照すること．

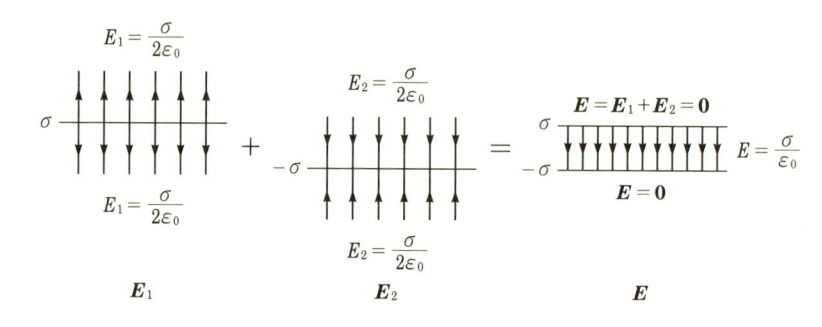

図 1.40　$E_1 + E_2 = E$

　[**例題 1.10**]　（1）　2枚の無限に広い平らな薄い板が，それぞれ面密度 σ と $-\sigma$ で一様に帯電している．この2枚の板を平行に並べたときの電場を求めよ．

　（2）　この場合，1つの板の上の単位面積上の電荷がもう1つの板の電荷から受ける電気力を求めよ．

[解] (1) 図1.40で $\boldsymbol{E} = \boldsymbol{E}_1 + \boldsymbol{E}_2$ なので,

$$E = \begin{cases} \dfrac{\sigma}{\varepsilon_0} & \text{(下向き)} \quad \text{(2枚の板の間)} \\ 0 & \text{(2枚の板の外側)} \end{cases} \quad (1.64)$$

となる.

(2) 上の板の単位面積上の電荷 σ にはたらく,下の板の電荷の作る電場 $\boldsymbol{E}_2$ の電気力は,下向きで強さは

$$\sigma E_2 = \sigma \frac{\sigma}{2\varepsilon_0} = \frac{\sigma^2}{2\varepsilon_0} \quad (1.65)$$

下の板の単位面積上の電荷 $-\sigma$ には,上向きで大きさが $\sigma^2/2\varepsilon_0$ の電気力がはたらく.

§1.11 電 位

エネルギーは時間の経過とともに形態が変り,存在場所も移るが,その総量は常に一定であるというエネルギー保存則を満たす.エネルギーは物理学で最も重要な概念の一つである.電磁気学でもエネルギー,そして,エネルギーと密接な関係がある電位は重要な役割を演じる.

高い所にある貯水タンクと低い所にある貯水タンクをパイプでつなぐと,水は高い方から低い方へ流れる.高い所にある水の水位は高いといい,低い所にある水の水位は低いという.そして,水は水位の高い方から低い方へと流れる.

電気にも電位があり,電流は電位の高い方から低い方へと流れる.電気力線に沿って電場の向きに移動すると,電位は下がっていく(図1.41).電場の強さが E で,移動距離が d ならば,始点と終点の電位の差 V は $V = Ed$ である.したがって,同じ移動距離でも電位差 V が大きいと電位の勾配(傾き)である電場の強さ $E = V/d$ は大きく(図(a)),電位差 V が小さいと電場の強さ E は小さい(図(b)).このように,電位は電場の様子を知るのに便利である.

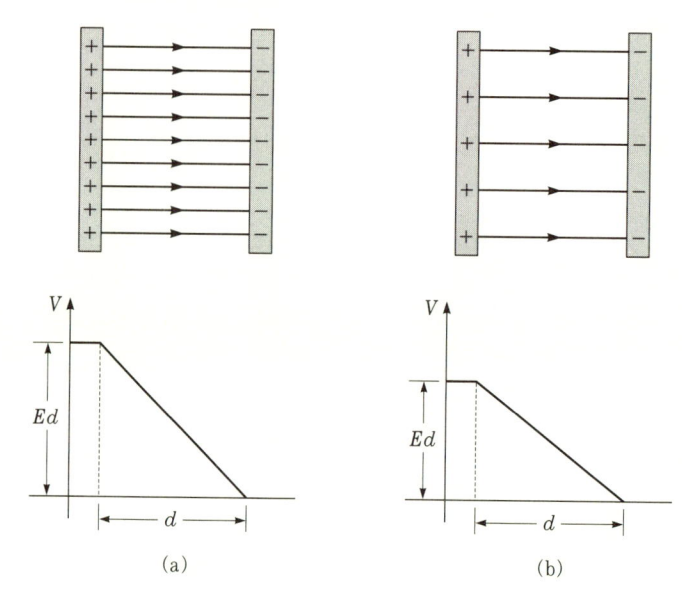

図 1.41 電位と電場　$V = Ed, E = \dfrac{V}{d}$
(a) 同じ距離 d でも，電位差 V が大きければ電場 E は強い．
(b) 同じ距離 d でも，電位差 V が小さければ電場 E は弱い．

クーロンポテンシャル

　力学では重力，弾力，万有引力による位置エネルギーを学ぶ．物体にはたらく重力，弾力，万有引力などの向きは，位置エネルギーの高い方から低い方を向いている．これらの力の作用によって物体が点 P から点 A まで移動するときに，これらの力 $\boldsymbol{F}$ が行う仕事を $W_{\mathrm{P} \to \mathrm{A}}$ と記すと，この仕事は位置エネルギーの減少量 $U_\mathrm{P} - U_\mathrm{A}$ に等しく，

$$U_\mathrm{P} - U_\mathrm{A} = W_{\mathrm{P} \to \mathrm{A}} = \int_\mathrm{P}^\mathrm{A} \boldsymbol{F} \cdot d\boldsymbol{s} = \int_\mathrm{P}^\mathrm{A} F_\mathrm{t} \, ds \qquad (1.66)$$

である．$\boldsymbol{F} \cdot \varDelta\boldsymbol{s} = F_\mathrm{t} \varDelta s$ は移動経路上の微小変位 $\varDelta\boldsymbol{s}$ で力 $\boldsymbol{F}$ が行う仕事（移動距離 $\varDelta s$ と力の移動方向成分 $F_\mathrm{t} = F \cos \theta$ の積）である（図 1.42(a)）．(1.66) の積分のように，曲線に沿っての積分を**線積分**という．これらの力

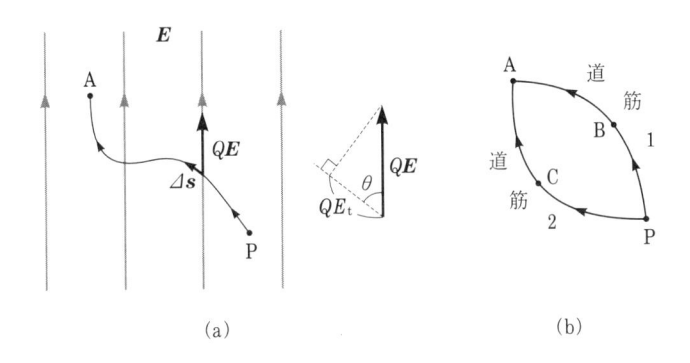

§1.11 電 位

図 1.42
(a) $F_t \Delta s = \boldsymbol{F} \cdot \Delta \boldsymbol{s} = QE_t \Delta s = Q\boldsymbol{E} \cdot \Delta \boldsymbol{s}$
(b) 道筋1(P→B→A)に対する積分(1.66)も道筋2(P→C→A)
に対する積分(1.66)も同じ値である.

の場合,(1.66)の仕事 $W_{P\to A}$ は始点 P と終点 A の位置だけで決まり,途中の経路の選び方によらない(図 (b)).この性質が,これらの力による位置エネルギー U_P を定義できる条件である.

 2つの点電荷の間に作用する電気力(クーロン力)は,万有引力と同じように,強さが距離 r の2乗に反比例する中心力なので,電気力による位置エネルギーが存在する(証明を忘れた人は力学の教科書を見てほしい).2つの点電荷 Q_1, Q_2 の距離が r の場合の電気力 $F = Q_1Q_2/4\pi\varepsilon_0 r^2$ による位置エネルギー $U(r)$ は,位置エネルギーを測る基準点として2つの点電荷が無限に離れている $r = \infty$ の場合を選ぶと,

$$U(r) = \frac{Q_1 Q_2}{4\pi\varepsilon_0 r} \tag{1.67}$$

である.これを**クーロンポテンシャル**または**クーロンエネルギー**という.

 [**問 1**] (1) 横軸に r,縦軸に $U(r)$ を選んで,$Q_1Q_2 > 0$ と $Q_1Q_2 < 0$ の場合のクーロンポテンシャルを描け.

 (2) (1)で描いたグラフから $Q_1Q_2 > 0$ の場合は反発力,$Q_1Q_2 < 0$ の場合は引力であることを説明せよ.

3つ以上の電荷が存在する場合の電気力による位置エネルギーは，電荷の各ペアに対応するクーロンポテンシャルの総和である．

電荷 Q を帯びた物体が電場 $\bm{E}$ の中を点 P から点 A まで移動するときに電場 $\bm{E}$ が荷電物体に作用する電気力 $\bm{F} = Q\bm{E}$ が行う仕事を $W_{P \to A}$ と記すと，この仕事は電気力による位置エネルギーの減少量 $U_P - U_A$ に等しく，

$$U_P - U_A = W_{P \to A}$$
$$= \int_P^A F_t \, ds$$
$$= Q \int_P^A E_t \, ds = Q \int_P^A \bm{E} \cdot d\bm{s} \qquad (1.68)$$

と表せる（図 1.42(a)）．

電 位

(1.68) からわかるように，点電荷 Q が点 P にある場合の，電気力 $\bm{F} = Q\bm{E}$ による位置エネルギー U_P は電荷 Q に比例し，$U_P = QV_P$ という形をしている．重力による位置エネルギーの場合の高さ h に対応する量の

$$V_P = \frac{U_P}{Q} \qquad (1.69)$$

を点 P の**電位**という．つまり，電位は単位正電荷当りの電気力による位置エネルギーである．電気力は大きさと向きをもつベクトルであるが，電位は，エネルギーと同じように，大きさだけをもつスカラーである．

国際単位系ではエネルギーと仕事の単位はジュール (J)，電荷の単位はクーロン (C) なので，電位の単位は J/C であるが，これをボルトという（記号は V）．つまり，

$$V = J/C \qquad (1.70)$$

である．

2 つのタンクの間での水の流れでは，水位そのものより，水位の差が重要であったように，2 点 P, A の間を流れる電流の場合にも，電位そのものよ

§1.11 電 位　51

り，2点の電位 V_P, V_A の差の電位差 $V_\mathrm{P} - V_\mathrm{A}$ が重要である．$V_\mathrm{P} > V_\mathrm{A}$ なら，点 P は点 A より電位が高いといい，$V_\mathrm{P} < V_\mathrm{A}$ なら，点 P は点 A より電位が低いという．

電場の中の2点 P, A の電位差 $V_\mathrm{P} - V_\mathrm{A}$ は，

$$V_\mathrm{P} - V_\mathrm{A} = \frac{U_\mathrm{P} - U_\mathrm{A}}{Q} = \frac{W_{\mathrm{P}\to\mathrm{A}}}{Q} \tag{1.69}'$$

と (1.68) から次のように表される．

$$V_\mathrm{P} - V_\mathrm{A} = \int_\mathrm{P}^\mathrm{A} E_\mathrm{t}\,ds = \int_\mathrm{P}^\mathrm{A} \boldsymbol{E}\cdot d\boldsymbol{s} \tag{1.71}$$

一様な電場 $\boldsymbol{E}$ の中を点 P から点 A までまっすぐに点電荷 Q が移動する図 1.43 の場合には，電気力 $Q\boldsymbol{E}$ のする仕事 $W_{\mathrm{P}\to\mathrm{A}}$ は，力の大きさが QE で力の方向への点電荷の移動距離が d なので，

$$W_{\mathrm{P}\to\mathrm{A}} = QEd = Q(V_\mathrm{P} - V_\mathrm{A})$$

$$\therefore \quad V_\mathrm{P} - V_\mathrm{A} = Ed \tag{1.72}$$

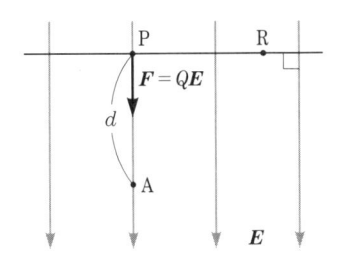

図 1.43　$V_\mathrm{P} - V_\mathrm{A} = V_\mathrm{R} - V_\mathrm{A} = Ed$

であることがわかる．図 1.43 の場合，点 R と点 P の電位は等しい ($V_\mathrm{R} = V_\mathrm{P}$) ので，点 R と点 A の電位差 $V_\mathrm{R} - V_\mathrm{A}$ も Ed である．

(1.72) を変形すると，

$$E = \frac{V_\mathrm{P} - V_\mathrm{A}}{d} \tag{1.73}$$

となるので，ある点での電場の強さ E はその付近での電位の勾配に等しいことがわかる（図 1.41）．(1.73) から，電場の国際単位は電位差の単位のボルトを距離の単位のメートルで割ったものとしても表せることがわかる．つまり，

$$\text{電場の国際単位} = \mathrm{N/C} = \mathrm{V/m} \tag{1.74}$$

52   1. 真空中の電荷と静電場

となる．

電荷 Q を帯びた物体が点 A から点 B まで移動するときに電気力がする仕事 $W_{A \to B}$ は，電荷 Q と 2 点間の電位差 $V_A - V_B$ の積，つまり，

$$W_{A \to B} = QV = Q(V_A - V_B) \tag{1.75}$$

である．

これまでは 2 点間の電位差のみを考えてきた．各点の電位そのものを決めるには，電位を測る基準点を選ぶ必要がある．位置ベクトルが r_0 の点で電位がゼロ，つまり，$V(r_0) = 0$ と決めると，点 r_0 は電位を測る基準点である．この場合，(1.71) から，点 r の電位 $V(r)$ は次のように表される．

$$V(r) = \int_r^{r_0} E_t \, ds = \int_r^{r_0} \boldsymbol{E} \cdot d\boldsymbol{s} = -\int_{r_0}^r \boldsymbol{E} \cdot d\boldsymbol{s} \tag{1.76}$$

図 1.44 のように閉曲線 C を一周すると，始点 A と終点 A の電位が等しいので，(1.71) から，単位正電荷 (1 C) が閉曲線 C を一周するときに電場がする仕事の和はゼロ，つまり，

$$\oint_C \boldsymbol{E} \cdot d\boldsymbol{s} = \oint_C E_t \, ds = 0 \tag{1.77}$$

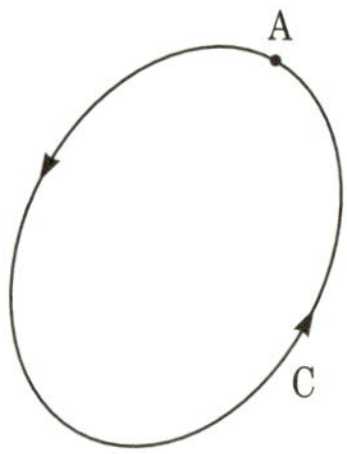

図 1.44

が導かれる．(1.77) は電位が定義できる必要条件であるとともに，静止した電荷の作る電場（静電場）の電気力線には始点も終点もない閉じた曲線は存在しないことを意味する条件である．磁場が時間的に変動する場合に誘起される電場は (1.77) を満たさない．したがって，誘導電場が生じる場合には，電位を定義できない．

［問2］ 図 1.42(b) を見て，(1.77) は電位が定義できる必要条件であることを説明せよ．

電荷 Q を帯びた物体が電気力の作用のみをうけて点 A から点 B まで移動するときに，電気力がする仕事 $W_{A \to B} = Q(V_A - V_B)$ は運動エネルギーの増加量に等しい，つまり，

$$\frac{1}{2}mv_B^2 - \frac{1}{2}mv_A^2 = Q(V_A - V_B) \tag{1.78}$$

であることが，力学の仕事と運動エネルギーの関係から導かれる．(1.78) を変形すれば，運動エネルギーと電気力による位置エネルギーの和が一定であること，つまり，エネルギー保存の法則，

$$\frac{1}{2}mv_A^2 + QV_A = \frac{1}{2}mv_B^2 + QV_B \tag{1.79}$$

が導かれる．ここで，v_A と v_B は点 A と点 B での荷電粒子の速さである．

電子ボルト

原子物理学では，荷電粒子を加速するのに電場を使う．そこで，電気素量 e の電荷をもつ荷電粒子が 1 V の電位差を通過するときの運動エネルギーの増加量を原子物理学でのエネルギーの実用単位として選び，1 電子ボルトとよび 1 eV と書く．$e \fallingdotseq 1.602 \times 10^{-19}$ C なので，

$$1\,\text{eV} \fallingdotseq 1.602 \times 10^{-19}\,\text{J} \tag{1.80}$$

である．なお，1 キロ電子ボルト 1 keV $= 10^3$ eV，1 メガ電子ボルト 1 MeV $= 10^6$ eV なども使われている．

§1.12 電位の計算例

電位を決めるには，電位を測る基準点を選ぶ必要がある．理論的計算では電荷から無限に遠い点を基準点に選ぶと便利である．無限に遠い点を電位の基準点に選ぶと，点 P（位置ベクトル $\boldsymbol{r}$）の電位 $V(\boldsymbol{r})$ は，(1.76) の r_0 を ∞ とおいた，

$$V(\boldsymbol{r}) = \int_r^\infty E_t\,ds = \int_r^\infty \boldsymbol{E} \cdot d\boldsymbol{s} \tag{1.81}$$

である．本節に示す例では，電位を測る基準点はすべて無限に遠い点である．ただし，無限に長い棒に電荷が一様に分布している場合のように，電荷の分布が無限に遠い点まで伸びている場合には $W_{P \to \infty} = \infty$ なので，電位を測る基準点を無限に遠い点に選ぶことはできない．なお，地球の電位はほぼ一定なので，実際的な場合には地球にアースしたシャーシなどの電位をゼロに選ぶことが多い．基準点が変れば各点の電位は変るが，2点間の電位差は変らない．

点電荷 Q による電位

点Pと点電荷Qの距離をrとすると（図1.45），(1.67),(1.69) から，

$$V(r) = \frac{Q}{4\pi\varepsilon_0 r} \quad (1.82)$$

図 1.45

が導かれる（図1.46）．

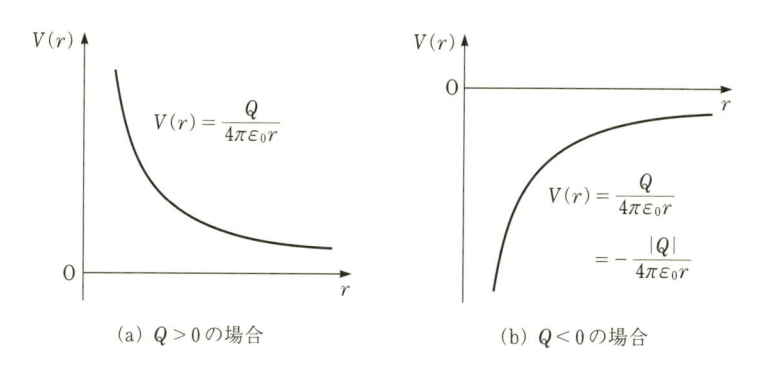

(a) $Q>0$ の場合

(b) $Q<0$ の場合

図 1.46　点電荷Qによる電位$V(r)$

いくつかの点電荷 $Q_1, Q_2, \cdots$ による電位

点Pと点電荷Q_iの距離をr_iとすると（図1.47），電場の重ね合せの原理と (1.82) から

§1.12 電位の計算例   55

$$V_\mathrm{P} = \sum_i \frac{Q_i}{4\pi\varepsilon_0 r_i} \quad (1.83)$$

が導かれる．

一般に，いくつかの電荷の作る電場の電位は，各々の電荷の作る電場の電位の和である．電場の和はベクトルの和であるが，電位の和はスカラーの和である．

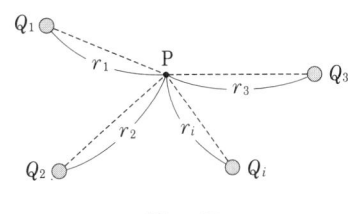

図 1.47

[**例題 1.11**] 図 1.48(a), (b) の 2 点 A, B の電位差 $V_\mathrm{A} - V_\mathrm{B}$ を計算せよ．

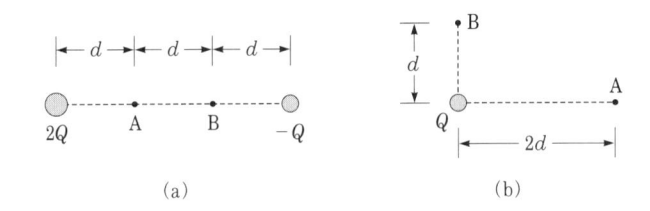

図 1.48

[**解**] 図 (a) では

$$V_\mathrm{A} = \frac{1}{4\pi\varepsilon_0}\left(\frac{2Q}{d} - \frac{Q}{2d}\right) = \frac{3Q}{8\pi\varepsilon_0 d}, \quad V_\mathrm{B} = \frac{1}{4\pi\varepsilon_0}\left(\frac{2Q}{2d} - \frac{Q}{d}\right) = 0$$

$$\therefore \quad V_\mathrm{A} - V_\mathrm{B} = \frac{3Q}{8\pi\varepsilon_0 d}$$

図 (b) では

$$V_\mathrm{A} = \frac{Q}{8\pi\varepsilon_0 d}, \quad V_\mathrm{B} = \frac{Q}{4\pi\varepsilon_0 d}$$

$$\therefore \quad V_\mathrm{A} - V_\mathrm{B} = -\frac{Q}{8\pi\varepsilon_0 d}$$

[**例題 1.12**] 図 1.49 のように，2 つの点電荷 ($Q = 3.0\ \mu\mathrm{C}$) が間隔 $d = 4.0\ \mathrm{cm}$ で置かれている．

56　1. 真空中の電荷と静電場

（1）点Pの電位 V_P を求めよ．

（2）$Q = 3.0\,\mu$C の3つ目の点電荷を無限に遠い点から点Pに移動させるために必要な仕事 W を求めよ．

（3）この電荷が点Pにある場合の3つの電荷の電気力による位置エネルギー U を求めよ．

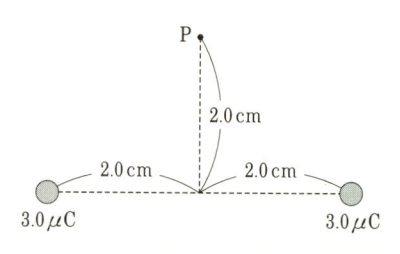

図1.49

[解]（1）$V_P = \dfrac{2Q}{4\pi\varepsilon_0 \times \dfrac{d}{\sqrt{2}}} = \dfrac{2\sqrt{2} \times 9.0 \times 10^9 \times 3.0 \times 10^{-6}}{4.0 \times 10^{-2}}$

$= 1.9 \times 10^6\,[\text{V}]$

（2）$W = QV_P = 3.0 \times 10^{-6} \times 1.9 \times 10^6 = 5.7\,[\text{J}]$

（3）$U = \dfrac{Q^2}{4\pi\varepsilon_0 d} + \dfrac{2Q^2}{4\pi\varepsilon_0 \times \dfrac{d}{\sqrt{2}}} = \dfrac{(2\sqrt{2}+1)Q^2}{4\pi\varepsilon_0 d}$

$= \dfrac{9.0 \times 10^9 \times (2\sqrt{2}+1) \times (3 \times 10^{-6})^2}{4 \times 10^{-2}} = 7.8\,[\text{V}]$

球対称な電荷分布による電位

原点を中心とする球対称な電荷分布が点 r に作る電場の強さ $E(r)$ は，原点を中心とする半径 r の球面の内部にある全電気量 $Q(r)$ が原点にあるとしたときの電場に等しく，

$$E(r) = \dfrac{Q(r)}{4\pi\varepsilon_0 r^2} \quad (1.84)$$

である（(1.52) 参照）．電場の向きは原点から放射状の向きである．この電場の電気力線に沿って (1.81) の積分を行えば，$E_t\,ds = E(r)\,dr$ なので，電荷 Q から距離 r の点 r の電位は

$$V(r) = \int_r^\infty E_t\,ds = \int_r^\infty E(r)\,dr = \dfrac{1}{4\pi\varepsilon_0}\int_r^\infty \dfrac{Q(r)\,dr}{r^2} \quad (1.85)$$

と表される．

[例題 1.13] 半径 R の球に電荷 $Q = (4\pi/3)\rho R^3$ が一様な電荷密度 ρ で分布している．この電荷分布の作る電場の電位を求めよ．

[解]
$$Q(r) = \begin{cases} Q & (r \geq R) \\ \dfrac{4\pi}{3}\rho r^3 = \dfrac{Qr^3}{R^3} & (r \leq R) \end{cases} \quad (1.86)$$

なので，電場 $E(r)$ と電位 $V(r)$ は

$$E(r) = \frac{Q(r)}{4\pi\varepsilon_0 r^2} = \begin{cases} \dfrac{Q}{4\pi\varepsilon_0 r^2} & (r \geq R) \\ \dfrac{\rho r}{3\varepsilon_0} = \dfrac{Qr}{4\pi\varepsilon_0 R^3} & (r \leq R) \end{cases} \quad (1.87)$$

$$V(r) = \begin{cases} \displaystyle\int_r^\infty E(r)\,dr = -\dfrac{Q}{4\pi\varepsilon_0 r}\bigg|_r^\infty = \dfrac{Q}{4\pi\varepsilon_0 r} & (r \geq R) \\ \displaystyle\int_R^\infty E(r)\,dr + \int_r^R E(r)\,dr \end{cases} \quad (1.88\text{a})$$

$$= \frac{Q}{4\pi\varepsilon_0 R} + \frac{Qr^2}{8\pi\varepsilon_0 R^3}\bigg|_r^R = \frac{3Q}{8\pi\varepsilon_0 R} - \frac{Qr^2}{8\pi\varepsilon_0 R^3} \quad (r \leq R) \quad (1.88\text{b})$$

である（図 1.50）．

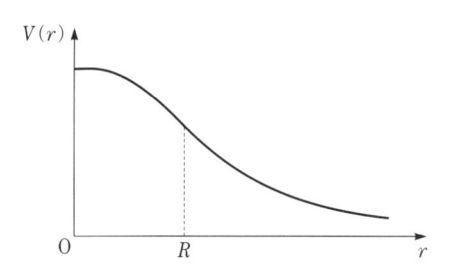

図 1.50 一様に帯電した球の電荷による電位（$Q > 0$ の場合）

電荷が連続的に分布している場合の電位

点 $\boldsymbol{r} = (x, y, z)$ における電荷密度を $\rho(x, y, z)$ とすると，点 $\boldsymbol{r}' = (x', y', z')$ の近傍の，体積が $\Delta x' \Delta y' \Delta z'$ の微小な直方体の内部にある電気量は

$$\rho(x', y', z')\,\Delta x' \Delta y' \Delta z' \quad (1.89)$$

58   1. 真空中の電荷と静電場

である．この微小な電気量が点 $\boldsymbol{r}=(x,y,z)$ に作る電位 $\varDelta V(\boldsymbol{r})$ は

$$\varDelta V(\boldsymbol{r}) = \frac{1}{4\pi\varepsilon_0} \frac{\rho(x',y',z')\varDelta x'\varDelta y'\varDelta z'}{[(x-x')^2+(y-y')^2+(z-z')^2]^{1/2}} \quad (1.90)$$

である．電荷が連続的に分布している領域を体積が $\varDelta x'\varDelta y'\varDelta z'$ の小さな領域に分割すると，点 $\boldsymbol{r}=(x,y,z)$ における電位 $V(\boldsymbol{r})$ は，個々の微小な領域にある電荷の作る電位 (1.90) の和である．この和の $\varDelta x'\varDelta y'\varDelta z' \to 0$ の極限をとると，和は体積分で表されて，点 $\boldsymbol{r}=(x,y,z)$ における電位は

$$V(\boldsymbol{r}) = \frac{1}{4\pi\varepsilon_0} \int dx' \int dy' \int dz' \frac{\rho(x',y',z')}{[(x-x')^2+(y-y')^2+(z-z')^2]^{1/2}}$$

(1.91)

となる．

電荷が表面上に連続的に分布している場合には，密度の代りに面密度（単位面積当りの電荷）を考えればよい．この場合の電場は面積分で表される．

[**例題 1.14**]　(1) 半径 R の円周上に電荷 Q が一様に分布している．この円の中心軸上にあって，円の中心から距離 z の点 P の電位 V は

$$V = \frac{Q}{4\pi\varepsilon_0 (z^2+R^2)^{1/2}} \quad (1.92)$$

であることを示せ（図 1.51 (a)）．

(2) 半径 R の絶縁体の円盤上に電荷 Q が面密度 $\sigma = Q/\pi R^2$ で一様に分布している．この円盤の中心軸上にあって，円盤からの距離が z の点 P の電位を求めよ（図 (b)）．

(3) (2) で $R \gg z$ および $z \gg R$ の場合の電位の近似式を求めよ．

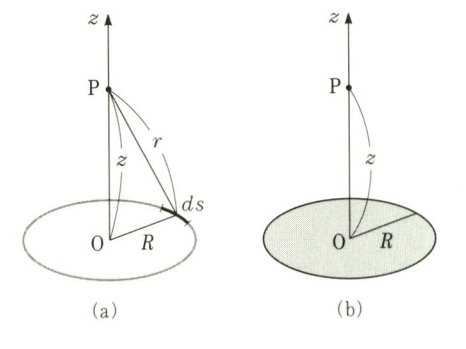

図 1.51

§1.12 電位の計算例   59

[解]　電位は円盤の上下で対称なので，円盤の上方の点 $(z>0)$ の場合の電位のみを考える．

（1）　$r=(z^2+R^2)^{1/2}$ とおくと，図 1.51 の長さ ds の部分の電荷 dQ による電位は $dV=dQ/4\pi\varepsilon_0 r$ なので，

$$V=\sum dV=\frac{1}{4\pi\varepsilon_0 r}\sum dQ=\frac{Q}{4\pi\varepsilon_0(z^2+R^2)^{1/2}}$$

となる．

（2）　円盤を半径 r，幅 dr の円環（面積 $2\pi r\,dr$，電荷 $2\pi\sigma r\,dr$）の和だと考えると（この r は（1）の r とは違うことに注意），

$$V=\frac{2\pi\sigma}{4\pi\varepsilon_0}\int_0^R\frac{r\,dr}{(r^2+z^2)^{1/2}}=\frac{\sigma}{2\varepsilon_0}(z^2+r^2)^{1/2}\bigg|_0^R$$

$$=\frac{\sigma}{2\varepsilon_0}[(z^2+R^2)^{1/2}-z] \tag{1.93}$$

となる．

（3）　(1.93) で $R\gg z$ のときは $(R^2+z^2)^{1/2}\fallingdotseq R+z^2/2R$ なので，

$$V\fallingdotseq\frac{\sigma}{2\varepsilon_0}(R-z) \quad (R\gg z)$$

$z\gg R$ のときは $(R^2+z^2)^{1/2}\fallingdotseq z+R^2/2z$ なので，

$$V\fallingdotseq\frac{\sigma R^2}{4\varepsilon_0 z}=\frac{Q}{4\pi\varepsilon_0 z} \quad (z\gg R)$$

となる．§1.7 の [例題 1.7] も参照すること．

（参考）　**電荷が連続的に分布している場合の電気力による位置エネルギー**　電荷密度 $\rho(x,y,z)$ で電荷が連続的に分布している場合，点 (x,y,z) の近傍の体積 $\varDelta x\,\varDelta y\,\varDelta z$ の内部の電荷 $\rho(x,y,z)\varDelta x\,\varDelta y\,\varDelta z$ と点 (x',y',z') の近傍の体積 $\varDelta x'\,\varDelta y'\,\varDelta z'$ の内部の電荷 $\rho(x',y',z')\,\varDelta x'\,\varDelta y'\,\varDelta z'$ の電気力による位置エネルギーは

$$\frac{1}{4\pi\varepsilon_0}\frac{[\rho(x,y,z)\,\varDelta x\,\varDelta y\,\varDelta z][\rho(x',y',z')\,\varDelta x'\,\varDelta y'\,\varDelta z']}{[(x-x')^2+(y-y')^2+(z-z')^2]^{1/2}} \tag{1.94}$$

である．したがって，すべての電荷のペアについて和をとれば，この場合の電気力による位置エネルギー U は

$$U=\frac{1}{8\pi\varepsilon_0}\int dx\int dy\int dz\int dx'\int dy'\int dz'\frac{\rho(x,y,z)\,\rho(x',y',z')}{[(x-x')^2+(y-y')^2+(z-z')^2]^{1/2}} \tag{1.95}$$

である．なお上式では，同じペアを2度数えないように1/2 という因子が掛かっている．
(1.91) を使うと，(1.95) は

$$U = \frac{1}{2} \int dx \int dy \int dz\, \rho(x, y, z)\, V(x, y, z) \qquad (1.96)$$

となる．

§1.13　等電位面と等電位線

等電位面

電位の等しい点を連ねたときにできる面を**等電位面**といい，等電位面上の任意の曲線を**等電位線**という．等電位面上のすべての点は電位が等しいので，等電位面の上を電荷が動くとき，電気力は仕事をしない．したがって，電気力は等電位面の方向に成分をもたないので，電場も電気力線も等電位面に垂直であり，その結果，等電位線とも垂直である．すなわち，

> 電場と等電位面は直交する．電場は等電位線とも直交する．

強さ E の電場の中で1Cの電荷が電場の方向に微小距離 Δs の2点間を移動するときに電場のする仕事 $E \Delta s$ が，この2点間の電位差 ΔV である（図1.52）．

$$\Delta V = E\, \Delta s \qquad (1.97)$$

したがって，電場の大きさ E は

$$E = \frac{\Delta V}{\Delta s} \quad (\boldsymbol{E} \parallel \Delta \boldsymbol{s} \text{ の場合}) \qquad (1.98)$$

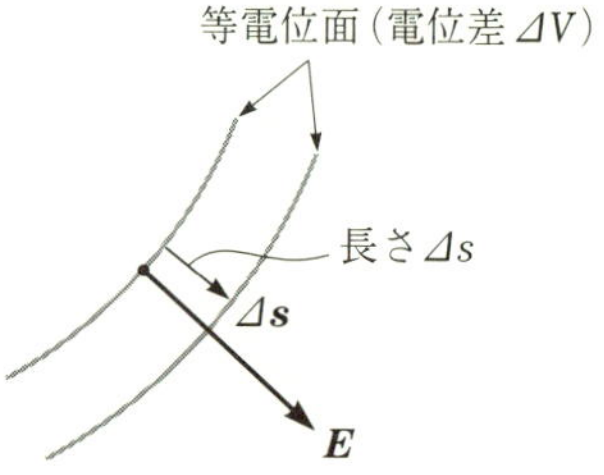

図 1.52

と表される．等電位面を電位差 ΔV が一定の値になるように描くと，等電位面の接近している（Δs の小さな）所では電場は強く，間隔の開いている（Δs の大きな）所では電場は弱い．

図1.53，図1.54 に，原点に正の点電荷がある場合の xy 平面上の電位

§1.13 等電位面と等電位線　61

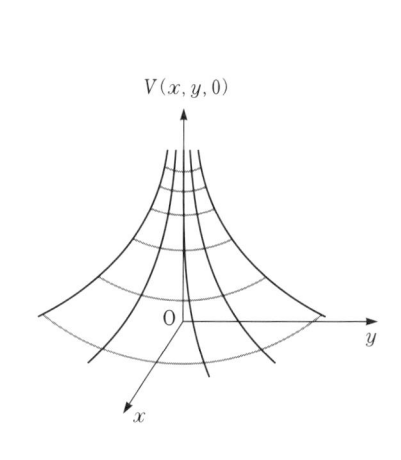

図 1.53 原点に正の点電荷がある場合の xy 面上の電位 $V(x,y,0)$

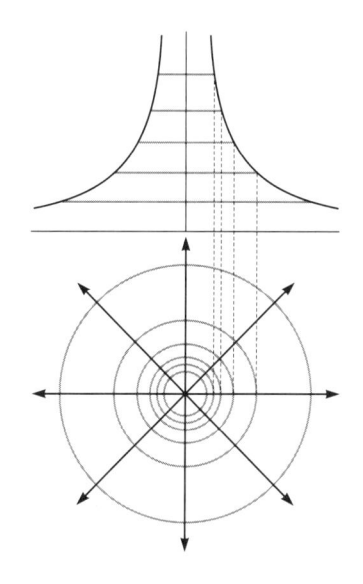

図 1.54 等電位線の密度は電場の強さに比例する．電気力線は等電位線に直交する．

$V(x,\ y,\ 0)$ を図示した．この図では等電位線は地図の等高線に対応している．電場は等電位線に垂直で，電位の高い方から低い方を向いているので，電場は下り勾配の最も急な方向を向き，勾配の大きさがその点の電場の強さである（(1.98)式）．

[問 3]　図 1.55 の点 P と点 Q の電場はどちらが強いか．また，各点での電場の向きを図示せよ．

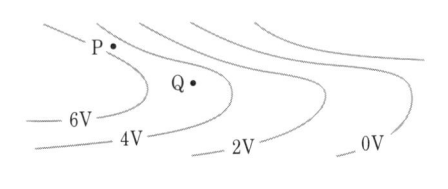

図 1.55

例1. 2枚の無限に広い平らな板 A, B が，それぞれ面密度 σ と $-\sigma$ で一様に帯電している（図1.56）．板の間の電場は板に垂直な，強さ $E = \sigma/\varepsilon_0$ の一様な電場である（§1.10 の［例題1.10］参照）．等電位面は電場に垂直なので，等電位面は極板に平行な平面である．板の距離を L とすると，板の電位差は $EL = \sigma L/\varepsilon_0$ である．

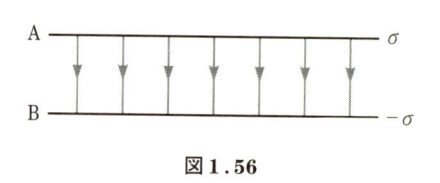

図1.56

§1.14 電位から電場を求める

図1.57の点 P（位置ベクトル $\bm{r}$）と点 Q（位置ベクトル $\bm{r} + \varDelta \bm{s}$）の電位差 $\varDelta V = V_\mathrm{Q} - V_\mathrm{P}$ は，単位正電荷が点 Q から点 P まで $-\varDelta \bm{s}$ だけ変位するときに電場 $\bm{E}$ がする仕事 $-\bm{E} \cdot \varDelta \bm{s} = -E_\mathrm{t}\,\varDelta s$ に等しい．つまり，

$$\varDelta V = V_\mathrm{Q} - V_\mathrm{P} = V(\bm{r} + \varDelta \bm{s}) - V(\bm{r})$$
$$= W_{r+\varDelta s \to r} = -\bm{E} \cdot \varDelta \bm{s} = -E_\mathrm{t}\,\varDelta s \quad (1.99)$$

と表されるので，電場 $\bm{E}$ の変位 $\varDelta \bm{s}$ 方向成分 E_t は

$$E_\mathrm{t} = -\frac{\varDelta V}{\varDelta s} \quad (1.100)$$

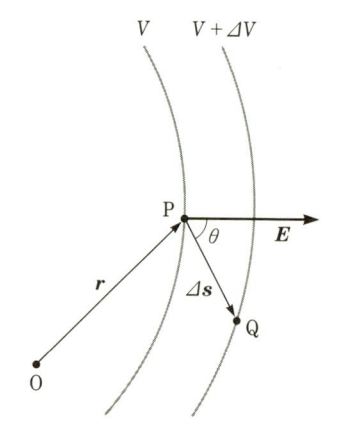

図1.57 電場 $\bm{E}$ の $\varDelta \bm{s}$ 方向成分の E_t は，
$$E_\mathrm{t} = -\frac{\varDelta V}{\varDelta s} = E \cos\theta$$
図の $\varDelta V$ は負である．

である．$\varDelta s$ が $+x$ 方向，$+y$ 方向，$+z$ 方向を向いているという3つの場合を考えると，(1.100) は

$$E_x = -\frac{\varDelta V}{\varDelta x}, \quad E_y = -\frac{\varDelta V}{\varDelta y}, \quad E_z = -\frac{\varDelta V}{\varDelta z} \quad (1.101)$$

§1.14 電位から電場を求める

となる．(1.101) の第1式の右辺の $\Delta x \to 0$ の極限，

$$\lim_{\Delta x \to 0} \frac{V(x+\Delta x,\, y,\, z) - V(x,\, y,\, z)}{\Delta x} = \frac{\partial V}{\partial x} \tag{1.102}$$

すなわち，$V(x, y, z)$ の3つの変数 x, y, z のうち，y と z を一定にして，変数 x について微分したものを $\partial V/\partial x$ と記して，これを関数 $V(x, y, z)$ の x についての偏微分という．したがって，電位 $V(x, y, z)$ がわかれば，電場 $\boldsymbol{E}(x, y, z)$ は電位 $V(x, y, z)$ を偏微分すれば求められる．

$$E_x = -\frac{\partial V}{\partial x}, \qquad E_y = -\frac{\partial V}{\partial y}, \qquad E_z = -\frac{\partial V}{\partial z} \tag{1.103}$$

$+x$ 方向，$+y$ 方向，$+z$ 方向を向いている単位ベクトル（長さが1のベクトル）を $\boldsymbol{i}, \boldsymbol{j}, \boldsymbol{k}$ と記すと，電場 $\boldsymbol{E}$ は

$$\boldsymbol{E} = -\left(\boldsymbol{i}\frac{\partial V}{\partial x} + \boldsymbol{j}\frac{\partial V}{\partial y} + \boldsymbol{k}\frac{\partial V}{\partial z} \right) \tag{1.104}$$

と表される．そこで

$$\nabla = \boldsymbol{i}\frac{\partial}{\partial x} + \boldsymbol{j}\frac{\partial}{\partial y} + \boldsymbol{k}\frac{\partial}{\partial z} \tag{1.105}$$

というベクトルの微分演算子 ∇ を導入して，これをナブラとよぶと，電場 $\boldsymbol{E}$ を

$$\boxed{\boldsymbol{E} = -\nabla V}$$

と表せる．この ∇ を grad と記し，グラディエントとよぶこともある．グラディエントは勾配を意味する．

電位はスカラーなので，多くの点電荷がある場合の電位は加算で求められる．電場は電位を微分すれば求められる．これは二度手間のようにみえるが，多くの点電荷による電場のベクトル和を求めるよりはるかに簡単である．

[例題 1.15] 点 (a, b, c) にある電荷 Q の作る電位 V と電場 $\boldsymbol{E}$ を求めよ．

[解]
$$V(x, y, z) = \frac{1}{4\pi\varepsilon_0} \frac{Q}{[(x-a)^2 + (y-b)^2 + (z-c)^2]^{1/2}} \tag{1.106}$$

ここで，$r^2 = (x-a)^2 + (y-b)^2 + (z-c)^2$ とおく．(x, y, z) から $(x+\Delta x, y, z)$ への変位で r が $r + \Delta r$ に変化すると，$r\Delta r = (x-a)\Delta x$ である．$\partial V/\partial x = (\partial r/\partial x)(dV/dr)$ を使うと，電場 $\boldsymbol{E}$ の各成分は

$$E_x = -\frac{\partial V}{\partial x} = \frac{Q}{4\pi\varepsilon_0 r^2}\frac{x-a}{r} \tag{1.107a}$$

$$E_y = -\frac{\partial V}{\partial y} = \frac{Q}{4\pi\varepsilon_0 r^2}\frac{y-b}{r} \tag{1.107b}$$

$$E_z = -\frac{\partial V}{\partial z} = \frac{Q}{4\pi\varepsilon_0 r^2}\frac{z-c}{r} \tag{1.107c}$$

となる．

[例題 1.16] **電気双極子の周囲の電場と電位** 点 $(a, 0, 0)$ と $(-a, 0, 0)$ にそれぞれ電荷 q と $-q$ を置いたとき（図1.58，図1.21(b)），点 (x, y, z) における電位と点 $(x, y, 0)$ における電場を求めよ．ただし $|a| \ll (x^2 + y^2 + z^2)^{1/2}$ とする．

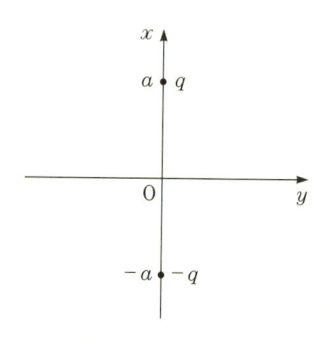

図 1.58 電気双極子

[解] 点 (x, y, z) における電位は (1.106) から

$$V(x, y, z) = \frac{1}{4\pi\varepsilon_0}\left\{\frac{q}{[(x-a)^2 + y^2 + z^2]^{1/2}} - \frac{q}{[(x+a)^2 + y^2 + z^2]^{1/2}}\right\} \tag{1.108}$$

である．そこで

§1.14 電位から電場を求める

$$\frac{1}{[(x-a)^2+y^2+z^2]^{1/2}} \fallingdotseq \frac{1}{(x^2+y^2+z^2-2ax)^{1/2}}$$
$$= \frac{1}{(x^2+y^2+z^2)^{1/2}}\left(1-\frac{2ax}{x^2+y^2+z^2}\right)^{-1/2}$$
$$\fallingdotseq \frac{1}{(x^2+y^2+z^2)^{1/2}}\left(1+\frac{ax}{x^2+y^2+z^2}\right)$$

(1.109 a)

$$\frac{1}{[(x+a)^2+y^2+z^2]^{1/2}} \fallingdotseq \frac{1}{(x^2+y^2+z^2+2ax)^{1/2}}$$
$$= \frac{1}{(x^2+y^2+z^2)^{1/2}}\left(1+\frac{2ax}{x^2+y^2+z^2}\right)^{-1/2}$$
$$\fallingdotseq \frac{1}{(x^2+y^2+z^2)^{1/2}}\left(1-\frac{ax}{x^2+y^2+z^2}\right)$$

(1.109 b)

と近似すると，点 $\boldsymbol{r}=(x,\,y,\,z)$ における電位 $V(x,\,y,\,z)$ は次のようになる．

$$V(x,\,y,\,z) = \frac{px}{4\pi\varepsilon_0(x^2+y^2+z^2)^{3/2}} = \frac{p\cos\theta}{4\pi\varepsilon_0 r^2} \qquad (p=2qa)$$

(1.110)

ただし，$|x|\ll 1$ のときには $(1+x)^n \fallingdotseq 1+nx$ であることを使い，a^2 に比例する項を無視した．なお，$r^2=x^2+y^2+z^2$, $x=r\cos\theta$ である（θ は $+x$ 方向と位置ベクトル $\boldsymbol{r}$ のなす角）．

xy 平面上での電場は，(1.110) を使うと，(1.103) から，

$$E_x(x,\,y,\,0) = -\frac{\partial V}{\partial x} = \frac{p}{4\pi\varepsilon_0}\left\{\frac{3x^2}{(x^2+y^2)^{5/2}} - \frac{1}{(x^2+y^2)^{3/2}}\right\}$$
$$= \frac{p}{4\pi\varepsilon_0 r^3}(3\cos^2\theta - 1) \qquad (1.111\,\mathrm{a})$$

$$E_y(x,\,y,\,0) = -\frac{\partial V}{\partial y} = \frac{3pxy}{4\pi\varepsilon_0(x^2+y^2)^{5/2}} = \frac{3p}{4\pi\varepsilon_0 r^3}\sin\theta\cos\theta$$

(1.111 b)

$$E_z(x,\,y,\,0) = -\frac{\partial V}{\partial z} = 0 \qquad (1.111\,\mathrm{c})$$

となる．ここで，$r^2=x^2+y^2$, $x=r\cos\theta$, $y=r\sin\theta$ である．この電場は

§1.6 で導いた電気双極子の作る電場の計算結果 (1.28) と一致している.

[**例題 1.17**] (1.103) を使って, §1.12 の [例題 1.14] で求めた電位 (1.92) $V = Q/4\pi\varepsilon_0(z^2 + R^2)^{1/2}$ から §1.7 の [例題 1.7] の z 軸上の電場 (1.32) を導け.

[**解**]
$$\left.\begin{aligned} E_x &= -\frac{\partial V}{\partial x} = 0 \\ E_y &= -\frac{\partial V}{\partial y} = 0 \\ E_z &= -\frac{\partial V}{\partial z} = \frac{Qz}{4\pi\varepsilon_0(z^2 + R^2)^{3/2}} \end{aligned}\right\} \quad (1.112)$$

となり, (1.32) と一致する ($E_x = E_y = 0$ の導出は厳密ではない).

アーンショーの定理

電荷が存在しない領域に電位の極大値が存在すれば, その点からどの方向に向かっても電位は減少していく. したがって, 極大点を含む微小球面を考えると, 電場と電位の関係からこの球面上のすべての点での電場の外向き法線方向成分 E_n は正である ($E_n > 0$). そこで, この球面に電場のガウスの法則を適用すると, 極大点の近傍には電荷が存在することになる. これは前提条件に反する. また, 極小点についても同様なので,

> 電荷が存在しない領域において, 電位は極大値も極小値もとらない

ことがわかる. この定理をいい換えた

> 電荷が存在しない領域に微小な電荷をもち込んだとき, この電荷は静電気力のみの作用で安定な平衡状態を保つことはできない

という定理は**アーンショーの定理**とよばれている.

演習問題

[1] 電子の電荷が e, 陽子の電荷が $-e$ とすると, 電磁気現象に何か違いが生じるか.

[2] 箔検電器は電荷の検出だけでなく, 箔の開き方で電気量の測定に用いられることを説明せよ.

[3] 正に帯電した物体だけを使って物体を負に帯電させるにはどうすればよいか.

[4] 3つの電荷が図のように1直線上に置いてある. 真中の電荷に作用する電気力の合力がゼロのとき, 距離 x を求めよ.

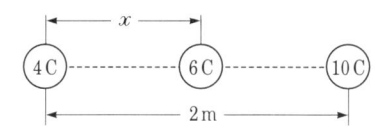

[5] x 軸上の点 $x = 9.0$ cm に $1.0\ \mu$C, 原点に $4.0\ \mu$C の電荷がある.

(1) 電場 $E = 0$ の点はどこか.

(2) x 軸上の点 $x = 15$ cm と $x = -10$ cm の電場を求めよ.

[6] 電子の電荷が -1.6×10^{-19} C で, 質量は 9.1×10^{-31} kg である. 電子に $9.8 \mathrm{m/s^2}$ の加速度を与える電場の強さを求めよ.

また, 電子が 10000 N/C の一様な電場の中にあるときの電気力による加速度を求めよ.

[7] 1辺の長さ L の正三角形の3頂点のおのおのに電荷 Q を置く．

（1）三角形の中点での電場を求めよ．

（2）各電荷が他の2個の電荷から受ける力を求めよ．

（3）この正三角形を底面とする正三角錐のもう一つの頂点での電場の強さは $\sqrt{6}|Q|/4\pi\varepsilon_0 L^2$ であることを示せ．

[8] 半径 $r = 10$ cm の半円形の細い棒に $10\ \mu$C の電荷が一様に分布している．この半円の中心 O での電場を求めよ．

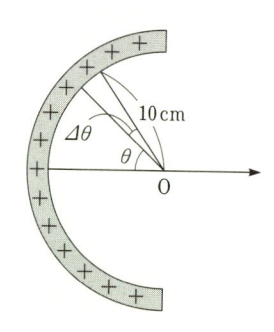

[9] 図の2つの小円 A, B の電荷が球内の点 P に作る電場は打ち消し合うことを示し，一様に帯電した中空の球殻の中では電場がゼロであることを説明せよ．

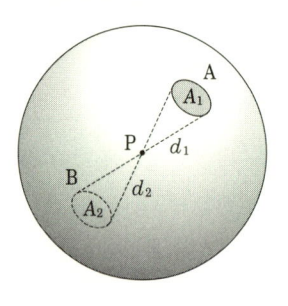

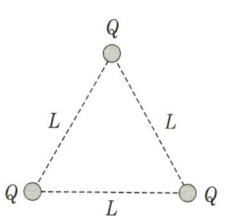

[10] 地球が中空の球殻だとすると，球殻の内部での万有引力の合力はどうなるか．万有引力にもガウスの法則が成り立つことを使え．

[11] 半径 R の球に正電荷 $Q = (4\pi/3)\rho R^3$ が密度 ρ で一様に分布している．

（1） この球の中に置かれた負電荷 $-q$ をもつ質点のつり合いの位置を求めよ．質点に電気力以外の力は作用しないものとする．

（2） この質点をつり合いの位置から少しずらしてそっと放すと，質点はどのような運動をするか．質点の質量を m とせよ．

[12] （1） 半径 R の球に，正負の電荷が同じ量だけ電荷密度 ρ, $-\rho$ で一様に分布し重なっているとする．この正電荷の分布を x 方向に δ だけずらすとき，内部の電場は一様になることを §1.10 の [例題 1.8] の結果を使って示せ．

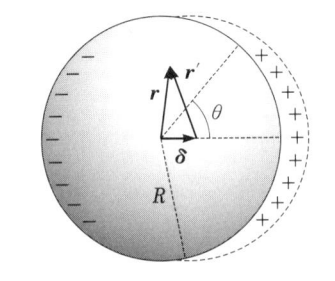

（2） ずれ δ が十分小さいとして，表面に現れる電荷の面密度を求めよ．

[13] 長さ 2.0 m，半径 5.0 mm のプラスチックの棒の表面に電荷 -2.0×10^{-7} C を一様に帯電させた．棒の表面での電場を求めよ．(1.61) の $E(r)$ は負になるが，その意味を説明せよ．円柱の内部の電場はゼロであることを示せ．

[14] 2枚の無限に広い平らな板が，それぞれ面密度 σ で一様に帯電している．この2枚の板を平行に並べたときの電場はどうなるか．またこの場合，1つの板の上の単位面積上の電荷が，もう1つの板の電荷から受ける力はいくらか．

[15] 無限に広い絶縁体の薄い板が2枚平行に置いてある．電荷が一方の板には面密度 2σ，もう一方の板には面密度 $-\sigma$ で一様に分布している．このときの電場 E を求めよ．

[16] **電気力管** 電場の中に円や長方形のような両端のない曲線（閉曲線）を考える．この閉曲線を通る電気力線は電場の中に一つの管を作る（図 (a)）．この管を電気力管という．図 (b) のように，この力管の2つの断面の間に電荷が存

70 　1. 真空中の電荷と静電場

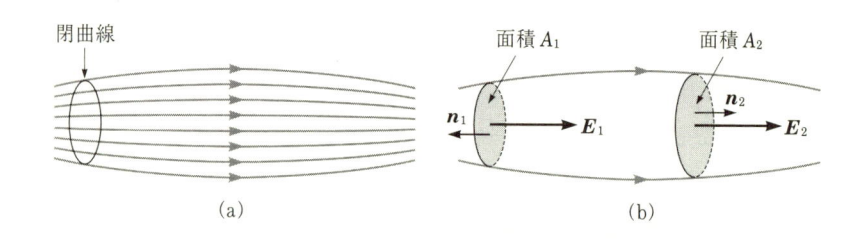

(a)　　　　　　　　　　(b)

在しなければ，「断面1を通って入ってくる電気力線束 $-E_{1n}A_1$ は断面2を通って出ていく電気力線束 $E_{2n}A_2$ に等しい」ことを示せ．

[17] 　質量が m_A, m_B で質量分布が球対称な物体 A, B の間にはたらく万有引力の強さ F は，2つの物体の中心距離が r ならば，$F = -Gm_A m_B/r^2$ であることを証明せよ．

[18] 　真空中に 200 μC の電荷と 300 μC の電荷が距離 2.0 m の所に置いてある．この2つの電荷のクーロン・エネルギーはいくらか．また，200 μC の電荷の所の電位はいくらか．

[19] 　**ミリカンの実験**　ミリカンは帯電した霧状の油滴にはたらく電気力と重力の大きさの比を測定し，油滴の帯びている電荷を求めた（図）．空気中を速さ v に比例する粘性抵抗 $-bv$ を受けながら落下する質量 m の油滴は，やがて一定の終端速度 v_1 に落ち着く．このとき重力と粘性抵抗はつり合うから，$mg = bv_1$ （実際には空気の浮力も考慮する）．b は油滴の半径 r と空気の粘度 η によって定まる比例定数 $b = 6\pi\eta r$ である．次に，上向きの電場 E を加えると，正電荷 q を帯びた油滴は上向きの電気力 qE を受け，上向きに動き出し，終端速度 v_2 で運動する．v_1 と v_2 を実測すれば，この油滴の電荷は求まる．油滴の電荷の導き方を記せ．

　ミリカンは得られた油滴の電荷の値が，いずれも約 1.6×10^{-19} C の整数倍であることを発見し，これが電子の電荷の大きさであると考えた．油滴の質量 m は油滴の半径と油の密度から計算できる．

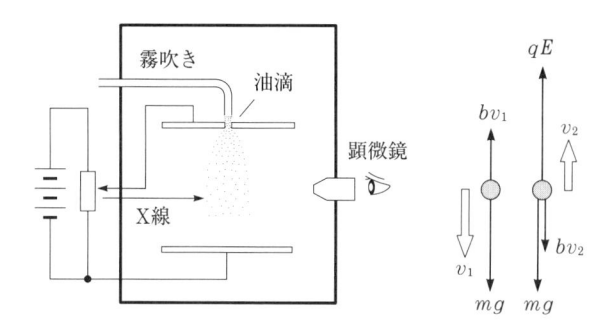

ミリカンの実験の概念図
平行な電極板の間に油を霧吹きで吹き込み，油滴の運動を顕微鏡で調べる．X線で空気を照射すると電子やイオンが発生して，それらが油滴に付着して帯電させる．

[20] ミリカンの実験を行って，次のような油滴の電荷の大きさの測定結果を得た．

6.56×10^{-19} C, 8.20×10^{-19} C, 13.13×10^{-19} C, 16.48×10^{-19} C, 18.08×10^{-19} C, 19.71×10^{-19} C, 22.89×10^{-19} C, 26.13×10^{-19} C

これらのすべての数を近似的な倍数としてもつ数の中で，最大の数としての電気素量の値を求めよ．

[21] **電場の中での電子の運動** 電場 $\boldsymbol{E}$ の中で電気力 $-e\boldsymbol{E}$ だけの作用を受けて運動する電子(質量 m，電荷 $-e$)の運動方程式は，

$$m\boldsymbol{a} = -e\boldsymbol{E}$$

である．図の装置では，加熱されたフィラメント A から放出された電子を電位差 V_A の2枚の極板 B, C の間の電場で加速し，2枚の平行板電極 F, G の間の一様な電場 $\boldsymbol{E}$ の中を通して，電子の進路を曲げて，蛍光板 H に当てる．各区間での運動はどのようなものかを言葉で説明せよ．なお，蛍光板との衝突点の y 座標 Y は

$$Y = \frac{eEL(L + 2D)}{2mv_0^2}$$

1. 真空中の電荷と静電場

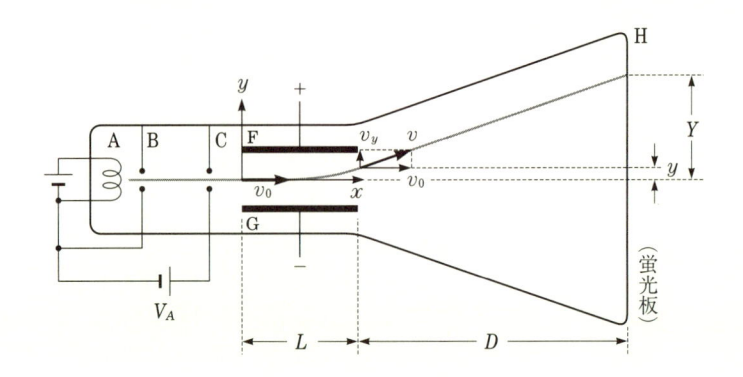

である．電子の進行方向は電場以外にも磁場で変えることができる．

[22] 原点に1C，点(1, 0, 0)に−4Cの点電荷を置いたとき，xy面内で電場がゼロになる点を求めよ．

また，この点は正電荷に対して安定なつり合い点か．

フランクリン (1706 - 1790)

　フランクリンは英国の植民地時代のアメリカに生まれ，幼少の頃から労働に従事し，印刷業で成功し，科学研究に専念するために42歳で実業から引退したが，40代後半からは独立運動に深く関わり，政治家，外交官として活躍した．

　稲妻は電気現象であり，雷雲が帯電した雲であることを確かめた凧を使った実験 (1752年) は有名である．帯電した金属球にアースした金属製の針を近づけると，離れている金属球から電気を吸い取ることを発見し，この現象を利用した避雷針を発明した．

　それまで使われていたガラス電気と樹脂電気を正電気，負電気と命名し，電池 (battery)，導体 (conductor)，電機子とブラシ (armature, brush) など現在でも使われている電気用語を数多く使い始めたのもフランクリンである．遠近両用レンズを発明したのも82歳のフランクリンであった．

　文章家としても優れ，"God helps them that help themselves." "Keep your eyes wide open before marriage, half shut afterwards." などの格言は有名である．

2 導体と静電場

1729年と1736年の間に，2人の英国人グレイとデザグリエールは，ガラス棒に生じた電荷を遠く離れた物体に導いて，その物体に軽いものを引きつけたり，反発させたりする性質をもたせることができることを示す，一連の実験結果を報告した．たとえば，擦られたガラス棒と 200〜300 m 離れた物体を金属線か湿った麻糸で結ぶと，物体は擦られたガラス棒と同符号の電荷を帯びることを示した．しかし，絹糸で結び付けたのではだめなことも見出した．また，線が地面に接触すると電荷は伝わらないので，線を絹糸で吊って地面から離さねばならないことも発見した．このような実験を通じて，電荷はある種の物質中は自由に移動できるが，他の物質中では移動できず，物質には導体と絶縁体があるということがわかってきた．

導体にはその中を移動できる電子やイオンなどの荷電粒子が存在する（このような荷電粒子の電荷を自由電荷という）．このため，導体を帯電させたり，静電場の中に導体を持ち込むと，導体の電荷分布や導体の周囲の電場は特徴的な性質を示す．本章では，真空中にある帯電している物体の作る静電場を学ぶ．

§2.1 導体と電場

物質中の電場

物質は正イオンと電子あるいは正イオンと負イオンから構成されているので，物質の内部で電場は激しく変化している．巨視的な世界を対象にする電磁気学では，分子のスケールで激しく変化している微視的な電場（ミクロな電場）を，人間の目に見えないほど小さいが分子の大きさよりはるかに大きな巨視的な領域で平均して得られる巨視的な電場（マクロな電場）を**物質中**

の電場という．

導体内部の電場

導体を電場の中に置くと，導体中に電場が生じるので，導体中の正の自由電荷は電場の方向に動き，負の自由電荷は電場と逆の方向に動いて，導体の表面に正・負の電荷が現れる．自由電荷の移動は，表面電荷の作る電場が導体の外部にある電荷の作る電場と打ち消し合って導体内部の電場がゼロになるまで続く (図 2.1)．この現象が §1.2 で学んだ静電誘導である．この平衡状態に達するまでの緩和時間とよばれる時間は極めて短い (§5.5 参照)．

そこで，導体中に電場があると，導体中で自由電荷の移動が起こるので，

$$\text{平衡状態では導体中の電場はゼロ} \longrightarrow \boldsymbol{E} = 0$$

である．

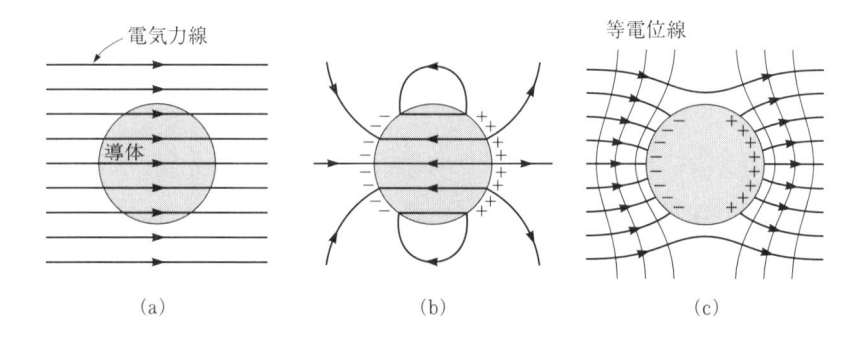

図 2.1 平衡状態の導体の中では電場はゼロである．
(a) 外部から加わる電場
(b) 導体表面に誘起した電荷が作る電場
(c) 一様な電場中に導体を置いたときの電場

導体内部の電荷密度

導体内部に任意の 1 つの閉曲面 S を考えて，ガウスの法則 (1.45) を適用すると，閉曲面 S 上のすべての点で電場 $\boldsymbol{E}$ はゼロなので，

$$\text{閉曲面 S の内部の全電気量} = \varepsilon_0 \iint_S \boldsymbol{E} \cdot d\boldsymbol{A} = 0$$

になり，したがって，この閉曲面 S の内部の電荷はゼロであることが導かれる．ガウスの法則の閉曲面 S としては，任意の場所の任意の大きさの閉曲面を選べるので，導体内部の任意の点の近傍の電荷はゼロ，すなわち，

> 導体内部の電荷密度はゼロ

である．

この結果を，「平衡状態では導体内部の電場はゼロなので，導体中に電気力線は存在しない．正電荷は電気力線の始点で，負電荷は電気力線の終点である．したがって，平衡状態の導体の内部では正・負の電荷が打ち消し合っていて，電荷密度はゼロである」，と直観的に理解してかまわない．

導体内部の電位

平衡状態の導体内部の電場 $\boldsymbol{E}$ はゼロなので，平衡状態の導体内部の任意の 2 点 A, B の電位差はゼロである．

$$V_\mathrm{A} - V_\mathrm{B} = \int_\mathrm{A}^\mathrm{B} \boldsymbol{E} \cdot d\boldsymbol{s} = 0 \tag{2.1}$$

したがって，1 つの導体のすべての点の電位は等しい．つまり，平衡状態では

> 1 つの導体のすべての点は等電位

である．

この事実から，電位を測る基準として地面を選べば，地面につないだ導体，つまり，アース（接地）した導体の電位は地面の電位に等しく，常にゼロであることがわかる（地球には微弱な地電流が流れているが，地球はほぼ等電位の導体であると考えてよい．）

　（**注意**）　上で示したことは，導体の内部に温度勾配や成分の異なる部分がない場合に成り立つ．温度勾配があると高温の部分と低温の部分の間に熱起電力が生じ，電池の内部のように成分の異なる部分があるとその間に化学的起電力が生じる．平衡状態では，これらによる力が電気力とつり合うので，$\boldsymbol{E} \neq \boldsymbol{0}$ である．

内部に空洞がある導体

導体内部に空洞がある場合でも，空洞の中に電荷がない場合には空洞の壁に電荷は現れず，空洞内部でも電場はゼロで，空洞と導体は等電位である．

[証明]「命題の結論（空洞内部の電場はゼロ）が正しくないと仮定すると，命題の前提条件（空洞表面は等電位）が成り立たない」ことを示すことによって命題を証明する背理法を使う．

空洞内部の電場がゼロでないとすると，空洞内部に電気力線が存在し，その始点は空洞の壁の正電荷で，その終点は空洞の壁の負電荷である．この場合，(1.71)から電気力線の始点は終点より電位が高くなる．ところが，導体のすべての点は等電位なので，このようなことは起こらない．したがって，空洞の内部に電荷が存在しない場合には空洞の内部の電場はゼロで，空洞の壁に電荷は現れず，空洞と導体のあらゆる点は等電位である．

この性質は，導体で囲まれた空間には導体外部の電場が影響しないことを示す．これを**静電遮蔽**という（図 2.2）．自動車に雷が落ちても，車内の人は自動車の金属製のボディーで電場から遮蔽されて安全なのは，この例である．精密な静電気的な測定をする装置では，接地した金属板でこれを包んで，外部の電気的影響を避けている．金属板ではなく，金網で周囲を囲っても，外側の電場の影響がおよぶのを避けられる．鉄筋コンクリートの建物の内部でラジオが聞きにくいのは，この例である．電子機器類の静電誘導を阻止するためのシールド線も静電遮

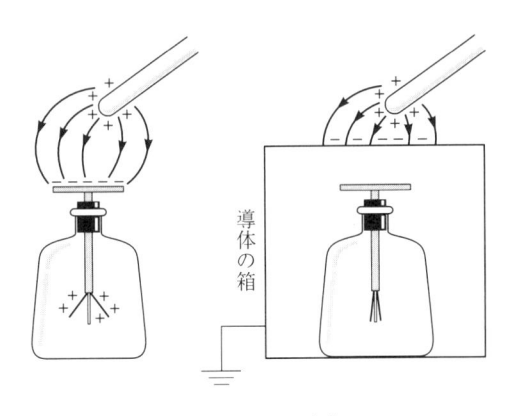

図 2.2 静電遮蔽

図2.3 パソコン用シールド線

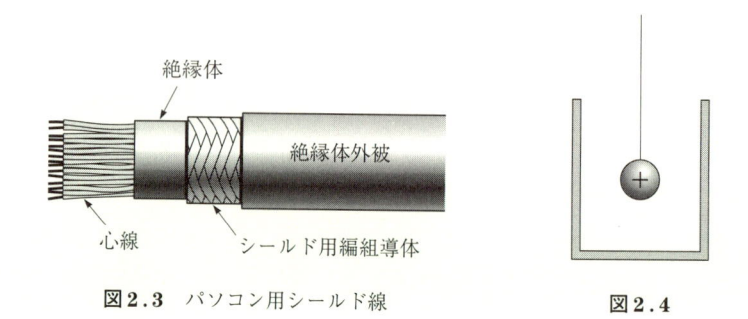

図2.4

蔽の応用である (図2.3).

深い缶の中は近似的に導体の空洞の内部と考えられる．フランクリンは図2.4のように帯電した金属球を糸で吊るして深い空き缶の中に入れ，底に接触させてから引き上げ，この金属球が帯電していないことを示した．

導体表面の電場

平衡状態では導体内部の電場はゼロであるが，導体の外部では一般に電場はゼロではない．導体表面上の点Pのすぐ外側の電場を，点Pの電場とよぶ．さて，1つの導体のすべての点は等電位なので，導体表面は1つの等電位面である．§1.13で示したように，電場（電気力線）は等電位面に垂直なので，平衡状態では，

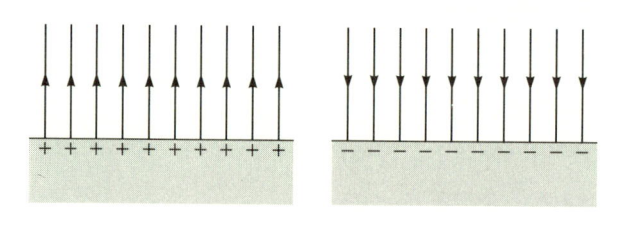

図2.5 導体表面の電場は導体表面に垂直である．

§2.1 導体と電場

導体表面での電場（電気力線）は導体表面に垂直

である（図2.5）．なお，平衡状態の導体表面は等電位面なので，導体表面上の正電荷を始点とし，同じ導体表面上の負電荷を終点とする電気力線は存在しない．

導体内部の電荷密度はゼロであるが，導体を静電場の中に置くと，導体の中で自由電荷の移動が起こり，導体内の静電場がゼロになるように導体表面に電荷が分布する（図2.1）．導体表面上の点 P での電荷の面密度が σ であれば，点 P の電場の強さは

$$E = \frac{\sigma}{\varepsilon_0} \tag{2.2}$$

である．

［証明］ 図2.6に示した円筒にガウスの法則を適用する．導体の内部では $E = 0$ で，円筒の側面は電場に平行（$E_n = 0$）で，面積が A の上底面を貫く電気力線束は EA，円筒内部の電気量 Q_{in} は $Q_{in} = \sigma A$ なので，この場合にはガウスの法則は $EA = \sigma A/\varepsilon_0$ となり，$E = \sigma/\varepsilon_0$（(2.2) 式）が導かれた．

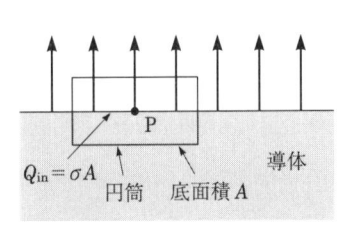

図2.6 導体表面の電場

［例題2.1］ 複写機の帯電したドラムの真上の電場の強さが 2.2×10^5 N/C のとき，ドラムの表面電荷密度 σ はいくらか．ドラムは金属製である．

［解］ $E = \sigma/\varepsilon_0$ なので，
$$\sigma = \varepsilon_0 E = (8.9 \times 10^{-12}\,\text{C}^2/\text{N·m}^2) \times (2.2 \times 10^5\,\text{N/C})$$
$$= 2.0 \times 10^{-6}\,\text{C/m}^2$$

例1. 地球には電流が流れるので，地球を導体と見なしてよい．地表付近に鉛直下向きの電場 $E = 130$ N/C があると，$E_n = -130$ N/C なので，このときの地表の電荷の面密度 σ は

$$\sigma = \varepsilon_0 E_n = 8.9 \times 10^{-12} \times (-130) = -1.2 \times 10^{-9} \, [\text{C/m}^2]$$

[例題 2.2] 一様な電場 $\boldsymbol{E}_0$ の中の金属球の表面に静電誘導で現れる電荷密度を求めよ（図 2.1(a) の外部から加わった電場が $\boldsymbol{E}_0$ の場合）．

[解] 半径 R の球に，正負の電荷が密度 ρ，$-\rho$ で同じ量だけ一様に分布し重なっていて，この正電荷の分布を $+x$ 方向に δ だけずらすとき，表面に現れる電荷によって生じる導体内部の電場は $-x$ 方向を向いた一様な電場であることをまず示そう．密度 ρ で一様に帯電した半径 R の球内の点 P の電場は，中心からの位置ベクトルを $\boldsymbol{r}$ とすると，§1.10 の (1.58) によって $\boldsymbol{E}(\boldsymbol{r}) = \rho \boldsymbol{r}/3\varepsilon_0$ で与えられる．したがって，点 P の正，負の電荷の中心からの位置ベクトルを $\boldsymbol{r}'$，$\boldsymbol{r}$ とすると，ずれで表面に誘導された電荷による点 P の電場は $(\rho/3\varepsilon_0)(\boldsymbol{r}' - \boldsymbol{r}) = -(\rho/3\varepsilon_0)\boldsymbol{\delta}$ である．したがって，球内の電場は $-x$ 方向を向いた一様な電場になる．$\boldsymbol{\delta} = \boldsymbol{r} - \boldsymbol{r}'$ は，ずれのベクトルである（図 2.7）．

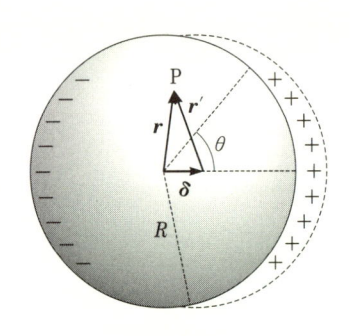

図 2.7

この電場が外部からの電場 $\boldsymbol{E}_0$ を打ち消すので，$\boldsymbol{E}_0 - (\rho/3\varepsilon_0)\boldsymbol{\delta} = 0$．したがって，$\rho\boldsymbol{\delta} = 3\varepsilon_0\boldsymbol{E}_0$．$\boldsymbol{\delta}$ が十分小さいとすると，図 2.7 の角 θ 方向の表面の帯電している部分の厚さは $\delta \cos \theta$ なので，金属球の表面電荷密度は

$$\rho\delta \cos \theta = 3\varepsilon_0 E_0 \cos \theta \tag{2.3}$$

となる（§5.3 の例 1 参照）．

[例題 2.3] 電荷の入っている空洞のある導体 導体に空洞がある場合，空洞の内部に電荷 Q を入れると，この電気量と大きさが等しく逆符号

§2.1 導体と電場　81

の電荷 $-Q$ が空洞の壁に現れ，同符号の電荷 Q が導体の外側の表面に現れることを示せ (図 2.8).

[解] 導体の内部に空洞を囲む閉曲面 S を考え，ガウスの法則を適用すると，導体の内部の電場はゼロなので，S の内部の全電気量はゼロである．したがって，空洞の壁の全電気量は $-Q$ である．導体の全電荷は変らないので，電荷 Q が導体の外側の表面に現れる．

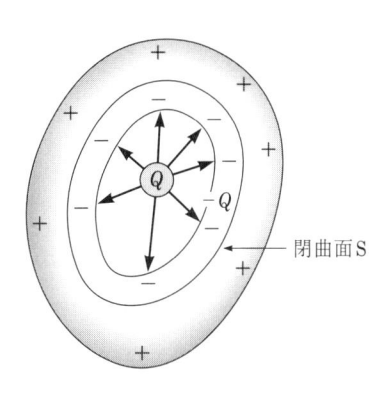

図 2.8

[例題 2.4] 半径 R の導体球の帯びている電荷 Q の作る電場の電位を求めよ．

[解] 電荷 Q は導体表面上に一様に分布するので，導体球の中心を中心とする半径 r の球面の内部の電荷の和 $Q(r)$ と球面上の電場の強さ $E(r)$ は

$$Q(r) = \begin{cases} Q & (r \geq R) \\ 0 & (r < R) \end{cases} \tag{2.4}$$

$$E(r) = \begin{cases} \dfrac{Q}{4\pi\varepsilon_0 r^2} & (r \geq R) \\ 0 & (r < R) \end{cases} \tag{2.5}$$

である (§1.10 の例 1 参照)．導体球の外部の電場は中心に点電荷 Q がある場合の電場と同じなので，球の外部の電位は，中心に点電荷 Q がある場合の電位と同じである．金属球の内部は等電位である．

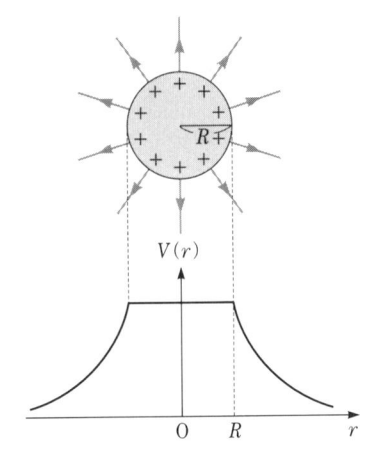

図 2.9　正に帯電した導体球の電荷による電位

つまり，

$$V(r) = \begin{cases} \dfrac{Q}{4\pi\varepsilon_0 r} & (r \geq R) \\ \dfrac{Q}{4\pi\varepsilon_0 R} & (r < R) \end{cases} \quad (2.6)$$

である (図 2.9)．

電荷 Q を帯びた半径 R の導体球表面での電場の強さは $E = Q/4\pi\varepsilon_0 R^2$ で，電位は $V = Q/4\pi\varepsilon_0 R$ である．そこで，$E = V/R$ なので，同じ電位 V の導体球では，半径 R の小さいものほど表面での電場が強いことがわかる．また，空間に 1 つの導体が孤立して存在している場合，曲率半径の小さい尖った部分の表面での電場が強い．また $\sigma = \varepsilon_0 E$ なので，尖った部分の表面電荷密度が一番大きいことがわかる (図 2.10)．したがって，導体を高電位にすると，放電が起こりやすいのは尖っている部分からである．

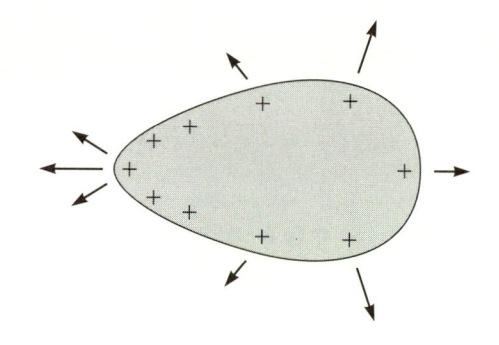

図 2.10 尖った部分の電場が一番強い

フランクリンは，電荷は尖った点から外に逃げていくことを発見し，最初の避雷針を作った．屋根の上に避雷針を設置し，避雷針と地面を針金で結んでおくと，雷雲によって誘導された電荷は避雷針から外へ逃げていき，一度に大量の放電が起こるのが防止される．もし十分な量の誘導電荷が避雷針から逃げずに大量の放電が発生したときには，雷雲からの電荷は避雷針に引き寄せられ，針金を通って地面に流れていく．このようにして，大きな電流が建物を流れて被害を引き起こすのが防がれる．

§2.2 映像法

電荷分布がわかっているときには，これらの電荷の作る電場を計算できる．そこで，この空間に点電荷を持ち込めば，この点電荷にはたらく電気力を電荷分布から計算できる．しかし，この空間に導体が存在すれば，点電荷をそばに持ち込むと静電誘導によって導体内部で電荷が移動するので，あらかじめ，導体表面の電荷分布を知ることはできない．

このような場合に電場を決め，点電荷にはたらく電気力を決める方法として映像法がある．これは電場のもつ次の性質（電場の一意性）を利用する方法である（§5.3参照）．

> ある電荷分布で生じる静電場があるとき，その1つの等電位面を導体面で置き換えても，
> (1) 導体の外部の電場は変らない．
> (2) このとき導体の表面には $\sigma = \varepsilon_0 E_n$ という面密度の電荷が誘導される．

この性質を利用すると，導体が存在する場合の静電場が容易に計算できる場合がある．

[例題 2.5] アースされた無限に広い導体の平板から距離 d の点に点電荷

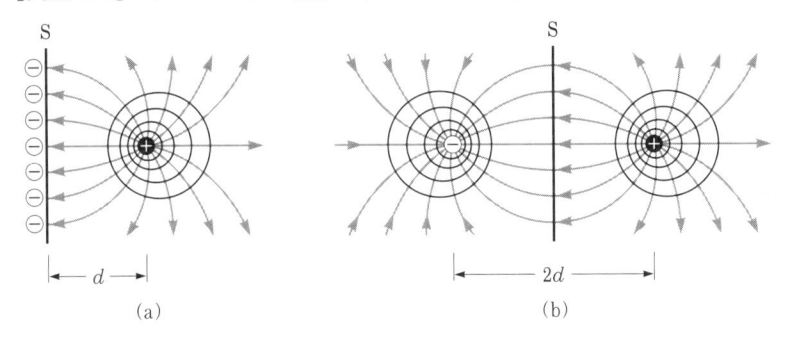

図 2.11 (a) 導体面Sの前に点電荷 Q がある場合の電場
(b) 導体面Sに関して点電荷 Q と面対称の位置に点電荷 $-Q$ がある場合の電場

Q を置いたときの電場を求めよ (図 2.11(a)). また, 点電荷 Q が導体板 (の静電誘導による異符号の表面電荷) から受ける力を求めよ.

[**解**] 導体の表面に関して面対称な点に点電荷 $-Q$ を置くときに, 点電荷 Q と $-Q$ の作る電場の電気力線は図 (b) に示されている. 2 つの点電荷の間にある面 S は等電位面なので, 面 S の位置に導体板を置いても, その右側の空間での電場は変らない.

点電荷 Q の受ける電気力 F は, 導体板がない場合に距離 $2d$ の点にある点電荷 $-Q$ から受ける力 (引力) と同じなので, その強さ F は

$$F = \frac{Q^2}{4\pi\varepsilon_0 (2d)^2} \tag{2.7}$$

である. 仮想した点電荷 $-Q$ の位置は導体面 S を鏡面としたときの点電荷 Q の像の位置なので, 点電荷 $-Q$ を映像電荷といい, こうして電場を決める方法を**映像法**という.

[**例題 2.6**] アースされている半径 a の導体球の中心 O から距離 L の点 P に電荷 Q がある場合の電場を求めよ.

[**解**] 図 2.12 のように点 P に電荷 Q, 球の中心 O から点 P の方向に距離が $L' = a^2/L$ だけ離れた点 P′ に点電荷 $-Q'$ を置く. 導体球面上の任意の点を M とし, PM $= x$, P′M $= x'$ とすると, △OPM と △OMP′ は相似なので,

$$\frac{x}{x'} = \frac{L}{a} = \frac{a}{L'} = \sqrt{\frac{L}{L'}} = 一定 \tag{2.8}$$

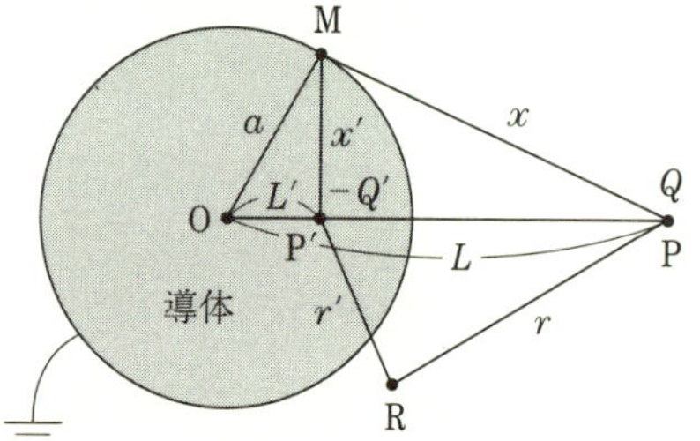

図 2.12 導体球がアースされている場合

である. 点 R の電位 V_R は, PR $= r$, P′R $= r'$ とすると,

$$V_R = \frac{1}{4\pi\varepsilon_0}\left(\frac{Q}{r} - \frac{Q'}{r'}\right) \tag{2.9}$$

である. 導体球の表面 ($r = x$, $r' = x'$) で電位がゼロになるには,

$$Q' = \frac{x'}{x} Q = \frac{aQ}{L} \quad (2.10)$$

ととればよい．したがって，導体球の外側の電場は，点Pにある電荷 Q と導体内部の点P'にある映像電荷 $-Q' = -Qa/L$ の作る電場 (2.9) に等しい．

[**例題 2.7**] [例題 2.6] で，導体球がアースされてなく，孤立していて全電荷がゼロの場合はどうなるか (図 2.13)．

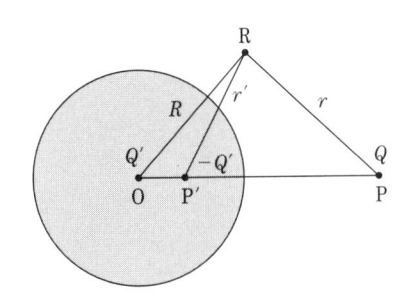

図 2.13 導体球が孤立している場合

[**解**] 導体球の全電荷はゼロなので，点P'の映像電荷 $-Q'$ のほかに，これを中和する電荷 Q' が球の中心Oにある場合の電場に等しい．球の外部の点Rの電位は

$$V_R = \frac{1}{4\pi\varepsilon_0} \left(\frac{Q}{r} - \frac{Q'}{r'} + \frac{Q'}{R} \right) \quad (2.11)$$

である．R は球の中心Oから点Rまでの距離である．

§2.3 導体表面にはたらく力 (静電張力)

導体の表面電荷にはたらく電気力を調べる．表面電荷密度を σ とする．図 2.14 に示すように，導体表面上の点Pを中心とする小さな円 (面積 A) の内部の電荷 σA は，点Pの両側の近傍に強さが $E_1 = \sigma/2\varepsilon_0$ の電場 $\boldsymbol{E}_1$ を作る ((1.63) 参照)．小円の外部の電荷 (導体の他の部分や導体外部の電荷) の作る電場 $\boldsymbol{E}_2$ は点Pで連続であり，すべての電荷の作る電場 $\boldsymbol{E} = \boldsymbol{E}_1 + \boldsymbol{E}_2$ は導体内部でゼロ，点Pのすぐ外側で $E = \sigma/\varepsilon_0$ になっている ((2.2) 参照)．したがって，小円の外部の電荷が円の中心Pに作る電場 $\boldsymbol{E}_2$ は，強さが

$$E_2 = \frac{\sigma}{2\varepsilon_0} = \frac{1}{2} E \quad (2.12)$$

で，導体の内から外の向きを向いている (図 2.14)．そこで，小円の内部の

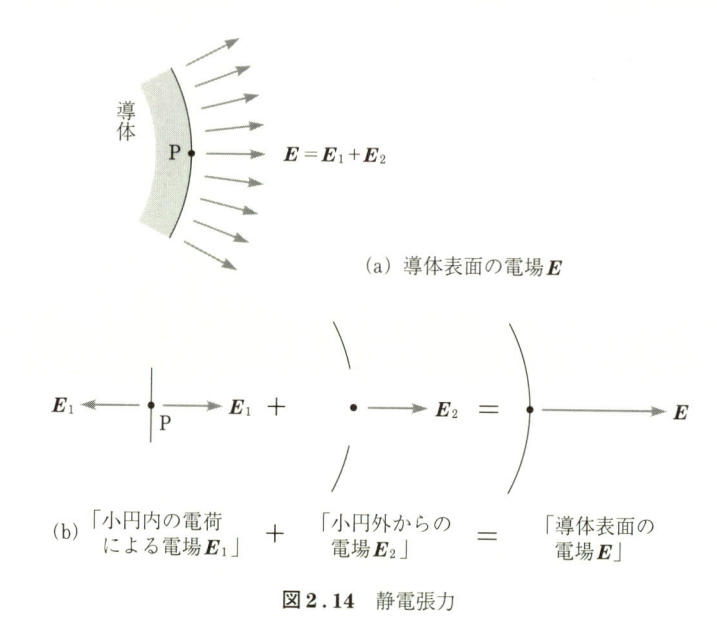

(a) 導体表面の電場 $\boldsymbol{E}$

(b) 「小円内の電荷による電場 $\boldsymbol{E}_1$」 + 「小円外からの電場 $\boldsymbol{E}_2$」 = 「導体表面の電場 $\boldsymbol{E}$」

図2.14 静電張力

電荷 σA にはたらく電気力 F は

$$F = (\sigma A)E_2 = \frac{\sigma^2 A}{2\varepsilon_0} = \frac{1}{2}\varepsilon_0 E^2 A \tag{2.13}$$

である．したがって，導体表面の単位面積にはたらく電気力の強さ f は

$$f = \frac{\sigma^2}{2\varepsilon_0} = \frac{1}{2}\varepsilon_0 E^2 \tag{2.14}$$

である．この電気力の方向は導体表面に垂直で，電荷を導体の外に押し出そうとする向きにはたらくので，**静電張力**とよばれることがある．

§2.4 キャパシター

導体を帯電させると，電荷が互いに反発し合うので，1個の導体に大きな電気量を蓄えることは難しい．そこで，2個の導体を向かい合わせに近づけて置き，正負の電荷を与えると電荷が引き合うので，大きな電気量を蓄えや

(a) 充電前
(b) 充電中
(c) 充電後

図 2.15 キャパシターの充電

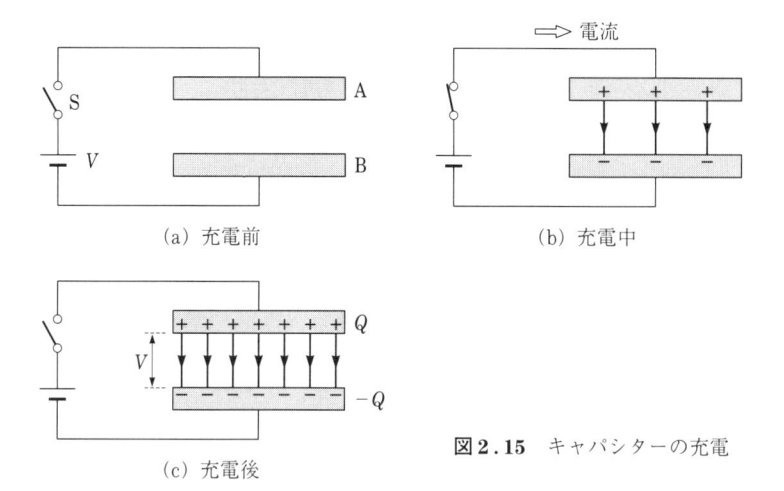

すくなる．このような電荷を蓄えるための装置を**キャパシター**という．

　キャパシターは電荷を蓄える装置であるが，エネルギーを蓄える装置でもある．カメラのフラッシュが光るのは，カメラの中のキャパシターに蓄えられた電気力による位置エネルギーが光のエネルギーに変換したことによる．

　キャパシターと電池とスイッチを図 2.15 のように接続し，スイッチを閉じると，電池の起電力によって電流が流れ，A は正に，B は負に帯電する．2 つの極板の電位差 V が電池の起電力に等しくなると，電流は止まる．このときの極板 A, B の電荷を $Q, -Q$ とする．ここでスイッチを開いても 2 つの極板の電荷は引き合うので，電荷は 2 つの極板上に保たれ，極板間の電位差はやはり V である．

　キャパシターに蓄えられる電荷 Q は極板間の電位差 V に比例する．比例定数を C とすると

$$Q = CV \tag{2.15}$$

と表される．比例定数 C をキャパシターの**電気容量**という．電気容量の大

きなキャパシターほど，同じ電位差で大きな電気量を蓄えられる．電気容量を大きくするために，多くのキャパシターではプラスチック膜，セラミックスなどの絶縁体を極板の間に挿入する．電位差がある程度以上に大きくなると，周囲の空気や極板間に挟んである絶縁体を通した放電が起き，電荷が逃げていくので，多量の電荷を蓄えるには電気容量を大きくする必要がある．

電気容量の単位は，1 V の電位差によって 1 C の電気量が蓄えられるときの電気容量をとり，これを 1 ファラドといい (記号は F)，

$$\text{F} = \text{C}/\text{V} \tag{2.16}$$

である．1 F という単位は大きすぎるので，実際には 1 μF (マイクロファラド) $= 10^{-6}$ F，あるいは 1 pF (ピコファラド) $= 10^{-12}$ F がよく使われる．

キャパシターの電気容量は，2 つの導体の形，大きさ，距離などの幾何学的条件，および極板の間に挟む絶縁体の種類で決まる．

キャパシターの極板上の電荷 Q，$-Q$ と極板間の電位差 V の比例関係 (2.15) は次のようにして導ける．極板 A に正電荷 Q，極板 B に負電荷 $-Q$ を与えると，すべての電気力線は極板 A を始点とし，極板 B を終点とする (図 2.16)．いま，極板 A，B の電荷 Q，$-Q$ を n 倍にすると，電気力線の数も密度も，したがってすべての点での電場も n 倍になる．この結果，極板 A，B の電荷 Q，$-Q$ と電位差 V は比例することが導かれる．

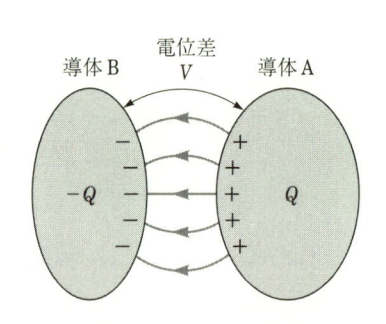

図 2.16 導体 A，B から成るキャパシター　$Q = CV$

電気容量の求め方

まず，2 つの極板に電荷 Q，$-Q$ を与えたときの，この電荷による電場 E を求める．たとえば，面積 A の導体面に，一定の電荷密度 σ で電荷 $Q = \sigma A$ が分布している場合には，導体表面での電場の強さ E は $E = \sigma/\varepsilon_0 =$

$Q/\varepsilon_0 A$ である．また，導体表面から離れた点での電場はガウスの法則を使って導くことができる場合がある．

次に，この電場 E を利用して，2 つの極板 A, B の電位差 V を

$$V = \int_A^B E_t \, ds \tag{2.17}$$

と求めると，電気容量 C は $C = Q/V$ という関係から求められる．

いくつかの型のキャパシターの電気容量

この項の例では，極板間が真空の場合を考える．極板間が絶縁体で満たされたキャパシターの電気容量 C は，極板間が真空の場合の電気容量 C_0 と絶縁体の比誘電率 ε_r の積 $C = \varepsilon_r C_0$ になる（次章を参照）．

平行板キャパシター（極板の面積 A，間隔 d）　面積の等しい 2 枚の金属板（極板）を平行に向かい合わせたものを平行板キャパシターという（図 2.17）．次の [例題 2.8] で示すように，電気容量は

$$C = \frac{\varepsilon_0 A}{d} \tag{2.18}$$

である．

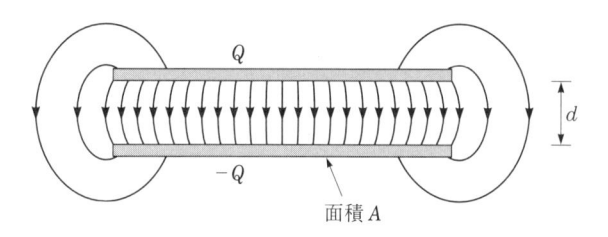

図 2.17 平行板キャパシターの電場

[**例題 2.8**] 極板の面積が A，間隔が d の平行板キャパシターの電気容量を求めよ．ただし，間隔 d に比べて極板の大きさははるかに大きいので，極板間の電場は一様だと考えてよいものとせよ（図 2.17）．

[**解**] 極板の帯びている電荷 $\pm Q$ は，面積 A の極板の内側に一様な面密度

$\pm\sigma = \pm Q/A$ で分布している．したがって，(2.2) によって，極板間の電場の大きさ E は

$$E = \frac{\sigma}{\varepsilon_0} = \frac{Q}{\varepsilon_0 A} \tag{2.19}$$

である．間隔 d の 2 枚の極板の電位差は

$$V = Ed = \frac{Qd}{\varepsilon_0 A} \tag{2.20}$$

である．したがって，平行板キャパシターの電気容量 C は

$$C = \frac{Q}{V} = \frac{\varepsilon_0 A}{d} \tag{2.21}$$

である．(2.21) から，極板の面積 A が大きいほど，また間隔 d が小さいほど電気容量 C は大きいことがわかる．

[**例題 2.9**] 真空の誘電率 ε_0 は

$$\varepsilon_0 = 8.85 \times 10^{-12}\,\text{F/m} = 8.85\,\text{pF/m} \tag{2.22}$$

と表されることを示し，$d = 1.0\,\text{mm}$ で電気容量が 1 F の平行板キャパシターの極板の面積を求めよ．また，$1\,\mu\text{F}\,(= 10^{-6}\,\text{F})$，$1\,\text{pF}\,(= 10^{-12}\,\text{F})$ の場合の面積も求めよ．

[**解**] $\varepsilon_0 = 8.85 \times 10^{-12}\,\text{C}^2/\text{N}\cdot\text{m}^2$，および (2.16) の F = C/V と V = J/C = N·m/C から導かれる，F = C/V = C²/N·m，つまり，C²/N·m² = F/m を使うと，(2.22) が導かれる．

$C = 1\,\text{F}$ の場合の極板の面積 A は

$$A = \frac{Cd}{\varepsilon_0} = \frac{1\,\text{F}\cdot 10^{-3}\,\text{m}}{8.85 \times 10^{-12}\,\text{F/m}} = 1.1 \times 10^8\,\text{m}^2$$

平行板キャパシターの電気容量 C は極板の面積 A に比例するので，

$$A = 1.1 \times 10^2\,\text{m}^2 \qquad (C = 1\,\mu\text{F})$$
$$A = 1.1 \times 10^{-4}\,\text{m}^2 = 1.1\,\text{cm} \qquad (C = 1\,\text{pF})$$

となる．

例 1. 一辺の長さが 10 cm の正方形の 2 枚の金属板を，1 mm 隔てて向かい合わせたキャパシターの電気容量は

$$C = \frac{\varepsilon_0 A}{d} = \frac{(8.85 \times 10^{-12}\,\text{F/m}) \times (0.1\,\text{m})^2}{10^{-3}\,\text{m}} = 8.85 \times 10^{-11}\,\text{F}$$

となる．

球形キャパシター (導体球の半径 a, 球殻の半径 b) 　導体球および同心の球殻から成るキャパシターを球形キャパシターという (図 2.18)．球殻を接地した場合の電気容量 C は

$$C = \frac{4\pi\varepsilon_0 ab}{b-a} \qquad (2.23)$$

である．この結果は，導体球の電荷を Q, 球殻の電荷を $-Q$ とするとき，(2.6) を使うと，2 つの導体間での電位は $V(r) = Q/4\pi\varepsilon_0 r$ であり，したがって，2 つの導体の電位差は $V = V(a) - V(b) = Q(b-a)/4\pi\varepsilon_0 ab$ であることから導かれる．

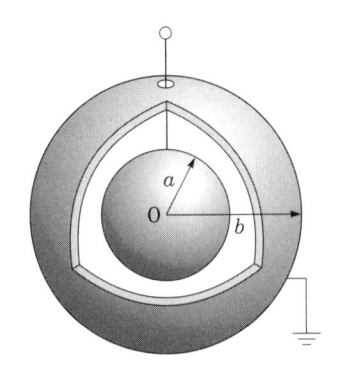

図 2.18 球形キャパシター

孤立導体球 (半径 R) 　空間に孤立した 1 個の導体球 (半径 R) も，球形キャパシターの球殻の半径 $b \to \infty$ の極限と考えれば，一種のキャパシターである．球形キャパシターの電気容量の式 (2.23) の $b \to \infty$ の極限をとり，この極限で $ab/(b-a) \to a$ であることを使い，$a = R$ とおけば

$$C = 4\pi\varepsilon_0 R \qquad (2.24)$$

が求められる．

例 2. 地球 (半径 $R_\text{E} = 6.4 \times 10^6\,\text{m}$) をキャパシターと見なしたときの電気容量は

$$C = 4\pi\varepsilon_0 R_\mathrm{E} = \frac{6.4 \times 10^6}{9.0 \times 10^9} = 7.1 \times 10^{-4}\,[\mathrm{F}]$$

地球の電気容量と同じ電気容量の平行板キャパシターの極板の面積は,極板の間隔 d を 1mm とすると

$$A = \frac{Cd}{\varepsilon_0} = 4\pi R_\mathrm{E} d = 4\pi \times 6.4 \times 10^6\,\mathrm{m} \times 10^{-3}\,\mathrm{m} = 8.0 \times 10^4\,\mathrm{m}^2$$

である.近接した2つの導体に正と負の電荷を蓄えるのに比べ,孤立した導体に正あるいは負の電荷を蓄えるのははるかに困難なことがわかる.

長い円筒キャパシター(長さ L,内側の円柱の半径 a,外側の円筒の半径 b)　円柱と同軸の円筒から成るキャパシターを円筒キャパシターという(図2.19).$L \gg b$ の場合の電気容量は

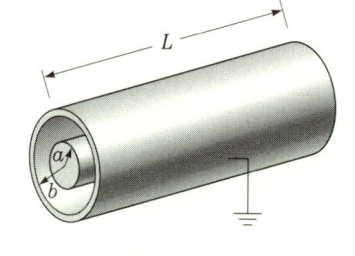

$$C = \frac{2\pi\varepsilon_0 L}{\log \dfrac{b}{a}} \quad (2.25)$$

図 2.19　円筒キャパシター

である.(2.25)は次のようにして導かれる.円柱の電荷を Q,円筒の電荷を $-Q$ とする.$L \gg b > a$ なので,円柱と円筒の間での電場は,円柱と円筒が無限に長く,単位長さ当りの電荷が Q/L,$-Q/L$ の場合で近似できる.円柱と円筒の間での電場の強さ $E(r)$ に外側の円筒の電荷は寄与しないので,(1.61)から $E(r)=(Q/L)/2\pi\varepsilon_0 r$ である.これを $r=a$ から b まで積分すると,電位差 V は

$$V = \frac{Q}{2\pi\varepsilon_0 L}\int_a^b \frac{dr}{r} = \frac{Q \log \dfrac{b}{a}}{2\pi\varepsilon_0 L} \tag{2.26}$$

であることから (2.25) が導かれる.log は自然対数である.

§2.5 キャパシターの接続

キャパシターの 2 つの極板に大きな電位差を加えると，強い電場のために，極板の間の絶縁体を通して放電が起こり，極板の電荷が失われるとともに絶縁体が破壊されることがある．キャパシターが耐えられる電位差の限界を**耐電圧**という．2 つ以上のキャパシターを組み合わせ，いろいろ接続することによって，電気容量や耐電圧の異なるキャパシターを作ることができる．2 つ以上のキャパシターを接続して作ったキャパシターの電気容量を**合成容量**という．

キャパシターの並列接続

いくつかのキャパシターを並べ，それぞれの両端をまとめて接続する方法を並列接続という．電気容量が C_1，C_2 の 2 個のキャパシターを図 2.20 のように並列接続し，両端に電位差 V を加える．このとき，2 個のキャパシターに蓄えられる電荷をそれぞれ Q_1，Q_2 とする．キャパシターの正極板同士，負極板同士は等電位なので，2 個のキャパシターに加わる電位差も V であり，

$$Q_1 = C_1 V, \qquad Q_2 = C_2 V \tag{2.27}$$

である．このとき並列接続で作られたキャパシターに蓄えられる電荷 Q は

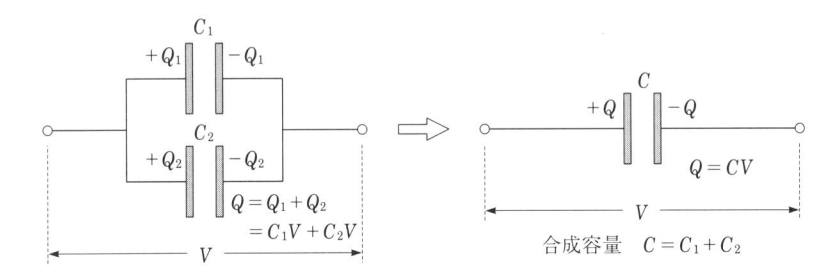

図 2.20 キャパシターの並列接続

2. 導体と静電場

$$Q = Q_1 + Q_2 = C_1 V + C_2 V = (C_1 + C_2) V \tag{2.28}$$

となる．したがって，並列接続した2個のキャパシターは，電気容量

$$C = C_1 + C_2 \tag{2.29}$$

の1個のキャパシターと同じはたらきをする．

3個以上のキャパシターを並列接続した場合も，合成容量 C は各キャパシターの電気容量の和になる．

$$C = C_1 + C_2 + C_3 + \cdots \tag{2.30}$$

キャパシターの直列接続

いくつかのキャパシターを一列に連ねて接続する方法を直列接続という．2個のキャパシターを図2.21のように直列接続し，両端に電位差 V を加える．始めに各キャパシターが帯電していなかったとすると，図の破線で囲まれた部分はひと続きの導体なので，静電誘導によって正負等量の電荷が現れる．したがって，2個のキャパシターに蓄えられる電荷は等しい．これを Q とすれば，各キャパシターの極板間の電位差 V_1, V_2 との関係は

$$Q = C_1 V_1, \qquad Q = C_2 V_2 \tag{2.31}$$

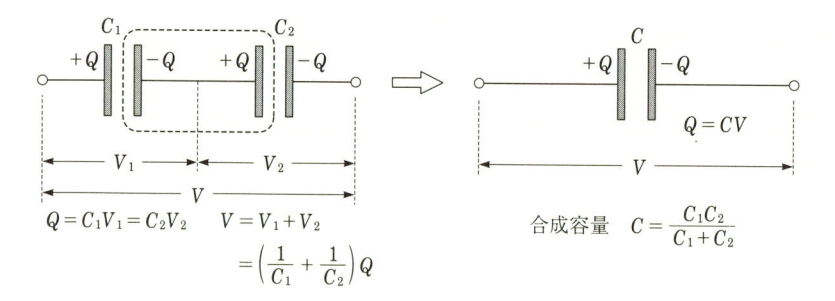

図2.21 キャパシターの直列接続

$$V = V_1 + V_2 = \frac{Q}{C_1} + \frac{Q}{C_2} = \left(\frac{1}{C_1} + \frac{1}{C_2}\right)Q \quad (2.32)$$

となる.したがって,直列接続した2個のキャパシターは,関係

$$\frac{1}{C} = \frac{1}{C_1} + \frac{1}{C_2}, \quad \therefore \ C = \frac{C_1 C_2}{C_1 + C_2} \quad (2.33)$$

で決まる電気容量 C の1個のキャパシターと同じはたらきをする.

3個以上のキャパシターを直列接続する場合も,その合成容量 C の逆数は各キャパシターの電気容量の逆数の和になる.

$$\frac{1}{C} = \frac{1}{C_1} + \frac{1}{C_2} + \frac{1}{C_3} + \cdots \quad (2.34)$$

直列接続では,合成容量はどのキャパシターの電気容量より小さくなる.

[**例題 2.10**] $10\,\mu\mathrm{F}$ のキャパシター3個を図2.22のように起電力3Vの電池に接続する.次の量を求めよ.

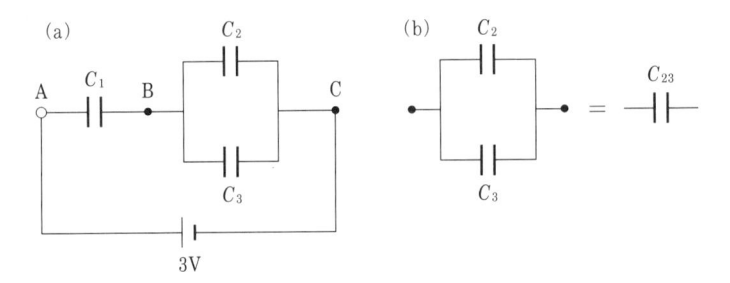

図 2.22

(1)　AC間の合成容量 C
(2)　キャパシター C_1 の極板に蓄えられる電荷 $\pm Q_1$ とAB間の電位差 V_{AB}
(3)　BC間の電位差 V_{BC} とキャパシター C_2, C_3 の極板に蓄えられる電荷 $\pm Q_2, \pm Q_3$

[解] (1) C_2 と C_3 は並列接続なので，合成容量 C_{23} は

$$C_{23} = C_2 + C_3 = 10\ \mu\text{F} + 10\ \mu\text{F} = 20\ \mu\text{F}$$

合成キャパシター C_{23} と C_1 は直列接続なので，求める合成容量 C は

$$\frac{1}{C} = \frac{1}{C_1} + \frac{1}{C_{23}}$$

$$\therefore\ C = \frac{C_1 C_{23}}{C_1 + C_{23}}$$

$$= \frac{10\ \mu\text{F} \times 20\ \mu\text{F}}{10\ \mu\text{F} + 20\ \mu\text{F}} = \frac{20}{3}\ \mu\text{F} \fallingdotseq 6.67\ \mu\text{F}$$

(2) $Q_1 = CV = \dfrac{20}{3} \times 10^{-6} \times 3 = 2 \times 10^{-5}\ [\text{C}]$

$V_{\text{AB}} = \dfrac{Q_1}{C_1} = \dfrac{2 \times 10^{-5}}{10 \times 10^{-6}} = 2\ [\text{V}]$

(3) $V_{\text{BC}} = 3\ \text{V} - 2\ \text{V} = 1\ \text{V}, \qquad Q_2 = C_2 V_{\text{BC}} = 10^{-5}\ \text{C},$

$Q_3 = C_3 V_{\text{BC}} = 10^{-5}\ \text{C}$

§2.6 電場のエネルギー

キャパシターに蓄えられるエネルギー

充電したキャパシターの両極に豆電球の入っているソケットの2本の導線をつなぐと，豆電球は一瞬光る．これはキャパシターに電池をつないで充電するときに電池のした仕事が，キャパシターに電気力による位置エネルギーとして蓄えられており，これが光のエネルギーに変ったことを示す．

電気容量 C のキャパシターの極板 A, B に電荷 Q, $-Q$ を蓄えるには，電場に逆らって極板 B から極板 A へ電荷 Q を移動させなければならない．この移動に必要な仕事 W が，電気力による位置エネルギー U としてキャパシターに蓄えられる．

極板 A, B に蓄えられた電荷が q, $-q$ のとき，極板 A, B の電位差は $v = q/C$ である．このとき極板 B から極板 A へ電荷 $\varDelta q$ を移動して，極板 A, B の電荷を $q + \varDelta q$, $-(q + \varDelta q)$ にするために必要な仕事 $\varDelta W$ は

§2.6 電場のエネルギー

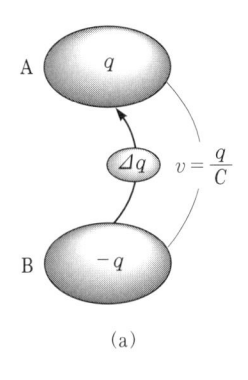

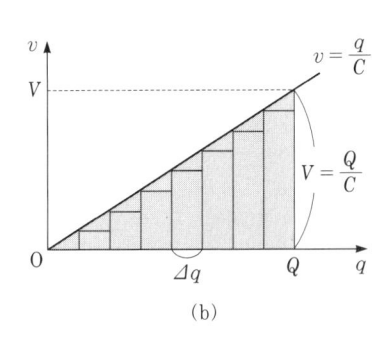

図 2.23 (a) 微小電荷 Δq の移動
(b) キャパシターに蓄えられるエネルギー W

$$\Delta W = v\,\Delta q = \frac{q\,\Delta q}{C} \tag{2.35}$$

である(図 2.23(a)). $q = 0$ の場合から Δq ずつ電荷を移動して $q = Q$ にするために必要な仕事 W は, (2.35) を積分した (図 (b) 参照),

$$W = \int_0^Q \frac{1}{C}q\,dq = \frac{Q^2}{2C} = \frac{1}{2}VQ = \frac{1}{2}CV^2 \tag{2.36}$$

である.

この仕事が電気力による位置エネルギー (電気エネルギー) U としてキャパシターに蓄えられる. すなわち, 極板間の電位差が V で, 極板に電荷 Q, $-Q$ が蓄えられている電気容量が C のキャパシターには, 電気エネルギー

$$U = \frac{Q^2}{2C} = \frac{1}{2}VQ = \frac{1}{2}CV^2 \tag{2.37}$$

が蓄えられている ($Q = CV$).

キャパシターは電荷を蓄える装置であるが, 電気エネルギーを蓄える装置でもある. アース(接地)されていない洗濯機などに触れるとピリッとくるのは, 地球との間に蓄えられたエネルギーが人体(導体)を通して放電され

るからである．導体が地球と絶縁されているとき，シャーシあるいは地球との間の電気容量を浮遊容量という．

平行板キャパシターに蓄えられる電気エネルギー

極板の面積 A，間隔 d の平行板キャパシターの電気容量は

$$C = \frac{\varepsilon_0 A}{d} \tag{2.38}$$

である ((2.18) 参照)．$V = Ed$ なので，このキャパシターに蓄えられる電気エネルギー U は

$$U = \frac{1}{2} CV^2 = \frac{1}{2} \frac{\varepsilon_0 A}{d} (Ed)^2 = \frac{1}{2} \varepsilon_0 E^2 Ad \tag{2.39}$$

と表される．

電場のエネルギー

平行板キャパシターの内部の体積は Ad なので，(2.39) はキャパシターの内部の単位体積当り

$$u_E = \frac{1}{2} \varepsilon_0 E^2 \quad (\text{真空中}) \tag{2.40}$$

の電気エネルギーが蓄えられていることを示す．充電されたキャパシターの内部に限らず，一般に，真空中の電場にはエネルギー密度 (2.40) の**電場のエネルギー**が蓄えられている．

[**例題 2.11**] 電気容量 C の平行板キャパシターに，起電力 V の電池とスイッチ S を接続する (図 2.24)．スイッチを閉じてキャパシターを充電した後，次の (a) あるいは (b) の操作を行う．

(a) スイッチを開いて，極板の間隔を 2 倍に広げる．

(b) スイッチは閉じたまま，極板の間隔を 2 倍に広げる．

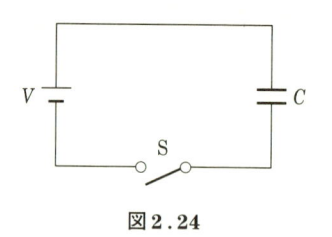

図 2.24

§2.6 電場のエネルギー　99

（1）(a),(b)のそれぞれの場合について，キャパシターに蓄えられていたエネルギー U_0 はどのように変化するかを説明せよ．

（2）(a),(b)のそれぞれの場合について，エネルギーの変化の過程を説明せよ．

[解]（1）(a),(b)どちらの場合にも，キャパシターの電気容量は $C/2$ になる．

(a)の場合は極板の電荷 Q は変化せず一定なので，(2.37)の最初の等号の式を使い，

$$U_\mathrm{a} = \frac{1}{2}\left(\frac{2}{C}\right)Q^2 = \frac{Q^2}{C}$$
$$= 2U_0$$

(b)の場合は極板間の電位差 V は変化せず一定なので，(2.37)の最後の等号の式を使い，

$$U_\mathrm{b} = \frac{1}{2}\left(\frac{C}{2}\right)V^2 = \frac{1}{4}CV^2$$
$$= \frac{1}{2}U_0$$

（2）(a)の場合は，極板間の電気的引力に逆らって極板の間隔を広げるために外からする仕事が，電気力による位置エネルギーになる．

(b)の場合は，減少したエネルギー $U_0/2$ と外からの仕事によって電荷が電池を逆向きに流れて電池を充電し，電池の化学的エネルギーとして蓄えられる．

2. 導体と静電場

演習問題

[1] 図は1930年にバン・デ・グラーフが発明したバン・デ・グラーフ発電機の概念図である．絶縁体のベルトがガラス製の円筒をこする（あるいは電気を帯びた金属接点に触れる）ことによって，支持台の下部で集められた電荷が上部の金属球殻の所に運ばれ，ベルトの電荷は金属球殻に移動する．金属球殻は多量の電荷を帯びているので，地面に対して1000万ボルトくらいまでの電位差になる．

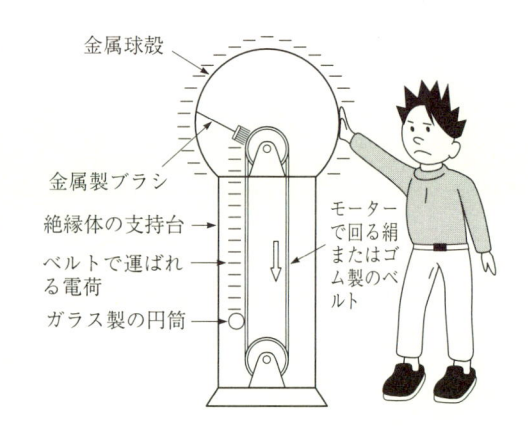

(1) ベルトを回すモーターの仕事はどのようなエネルギーになったか．

(2) ベルトの電荷はなぜ金属球殻に移るのか．

(3) 金属球殻にさわっている人物の髪の毛が逆立っているのはなぜか．

[2] 1775年頃フランクリンは，糸で吊るしたコルクの球と帯電した金属の缶を使って，図のような実験を行った．2つの実験で糸の傾きが違う理由を説明せよ．

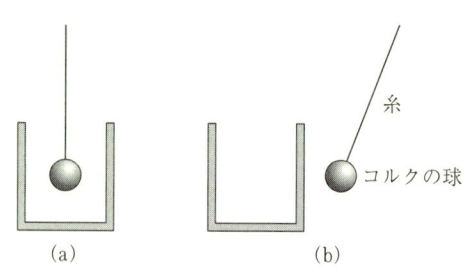

[3] 図のようなサンドイッチ型のキャパシターの電気容量を求めよ．

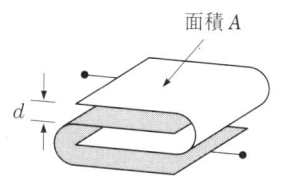

[4] $100\,\mu\mathrm{F}$ のキャパシターが多数ある．これらを接続して $550\,\mu\mathrm{F}$ のキャパシターを作れ．

[5] 電気容量がそれぞれ 40, 20, 20 $\mu\mathrm{F}$ のキャパシター A, B, C を図のようにつなぐ．その合成容量はいくらか．また，両端に 10 V の電位差を与えるとき，C の極板間の電位差はいくらか．

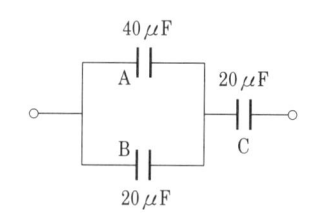

[6] 図の回路の端子 1, 2 の間の合成容量はいくらか．

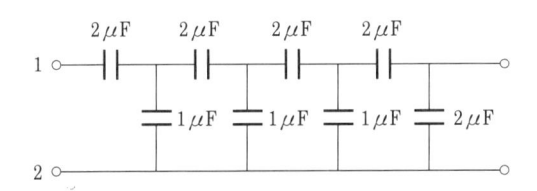

[7] 図のように，球形キャパシターの半径 a の内側の導体球を接地した場合の電気容量 C を求めよ．ただし，球殻は地面から十分に遠いものとする．

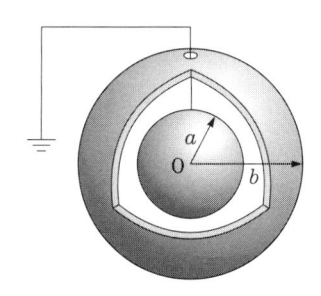

[8] （1） 極板の間隔が d，電気容量が C_0 の平行板キャパシターの極板間に，厚さが $d/2$ の金属板を挟んだ場合に，電気容量は $2C_0$ になることを示せ．

（2） 極板が一辺 L の正方形で間隔が d の平行板キャパシターの極板間に，厚さ $d/2$ の金属板を長さ x だけ挿入した場合の電気容量は

$$C = \frac{L+x}{L}\frac{\varepsilon_0 L^2}{d} = \frac{\varepsilon_0 L(L+x)}{d}$$

であることを示せ（図）．$L \gg d, L \gg x$ とせよ．

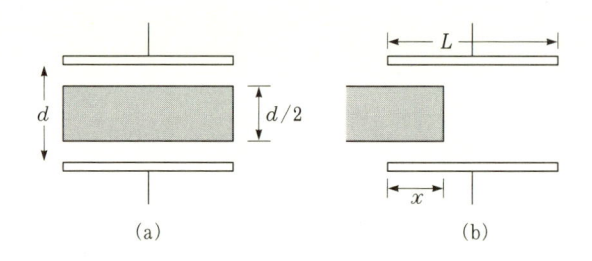

(a) (b)

[9] 体積 $1\,\mathrm{m}^3$ の空気キャパシターにどのくらいの電場のエネルギーが蓄えられるか．電場の強さは $10^6\,\mathrm{V/m}$ までは可能だとする．

[10] $20\,\mu\mathrm{F}$ のキャパシターを $200\,\mathrm{V}$ に充電して，抵抗の大きな導線を通して放電した．この導線内に発生する熱はどれだけか．

[11] $100\,\mathrm{V}$ に充電してある電気容量 $100\,\mu\mathrm{F}$ のキャパシター A を，同じ電気容量の充電していないキャパシター B に電気抵抗の大きな導線で並列につないだ．このとき，

（1） A, B の電圧は何 V か．

（2） A, B のもつ電場のエネルギーの和は何 J か．

（3） このエネルギーを A が始めにもっていた電場のエネルギーと比較し，この差に相当するエネルギーがどうなったかを説明せよ．

[12] 平行板キャパシターの場合に (2.37) の $U = QV/2$ という式は，電荷が連続的に分布している場合の電気力による位置エネルギーの式 (1.96) から導けることを示せ．

キャベンディッシュ (1731 - 1810)

　明治初年に創設され第二次世界大戦後に廃止されるまで，日本には華族という身分があり，最高位の公爵から，侯爵，伯爵，子爵，男爵の5段階があった．キャベンディッシュは英国の公爵家に生まれた貴族である．莫大な財産を受け継いで，物理学と化学の研究に専念し，学者の中で一番金持ちで，金持ちの中で一番学問があるといわれた．彼は水が水素と酸素から成ることの発見，重力定数の測定，静電気力が距離の2乗に反比例することの実験的証明など多くの研究成果を挙げたが，いわゆる奇人で，生前の論文は極めて少なく，その多くは世に知られていなかった．

　静電気力の $1/r^2$ の指数が2であることを正確に決定する方法は，演習問題の[2]で紹介した「帯電導体の缶の中に吊るしたコルク球が缶の電荷の影響を受けない」という実験結果を1766年にフランクリンから手紙で知らされたプリーストリーが考案した．彼は「球殻内部の物質は球殻の万有引力を感じない」という万有引力との類推で，静電気力も逆2乗則に従うと結論したのである．

　彼の考えに基づく実験が，2つの同心導体球殻を使うキャベンディッシュの実験である（図参照）．彼は外側の導体球殻を高電位になるように帯電させたり放電させたりすることをくり返したが，2つの球殻に接続された高感度の電位計に電流が流れなかった．静電気力が $1/r^2$ 則に従えば，ガウスの法則によって導体の空洞の内部では電位は一定なので電流は流れない．この実験でキャベンディッシュは指数が2.02と1.98の間にあることを確かめた．この実験の現代版でも，指数の2からのずれは検出されていない．

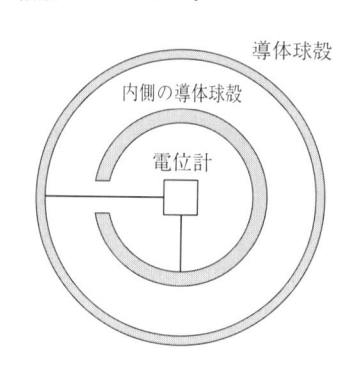

3 誘電体と静電場

物質にはガラスやアクリルのような電気を通さない**絶縁体**または不導体とよばれるものがある．物体の中を動き回れる自由電荷が存在する導体とは異なり，絶縁体ではすべての電子が原子またはイオンに強く結合していて，物体の中を動き回ることができない．したがって，絶縁体に帯電した物体を近づけても，絶縁体の全体にわたる電荷の移動は起きない．しかし，個々の微視的な構造の単位の中では荷電粒子が帯電物体からの電気力を受けて，その分布が一方に偏る．この結果，絶縁体の表面の帯電物体に近い側に帯電物体と異符号の電荷が，遠い側に帯電物体と同符号の電荷が現れる．この現象を**誘電分極**という．絶縁体には誘電分極が生じるために，絶縁体を**誘電体**という．

誘電体を電場の中に置くと，誘電分極によって生じた電荷の作る電場のために，誘電体の内部では外部からかかった電場が弱められる．しかし，導体の内部のように外部からの電場を完全に打ち消すまでにはいたらない．純粋な水ではこの効果は著しい．このため，水の中ではイオン結合の結合力は極めて弱くなり，正イオンと負イオンに分離しやすい．

この章では，誘電体がある場合の静電場を学ぶ．

§3.1 誘電体の分極

誘電体とキャパシター

極板の間隔が d の平行板キャパシターを考える．この平行板キャパシターに起電力 V の電池をつなぐと，2枚の極板は帯電し，その電位差は V になる（図3.1(a)）．そこで，スイッチを開いて電池とキャパシターを切り離

§3.1 誘電体の分極　105

(a) 真空中のキャパシター　　(b) 誘電体を挿入する

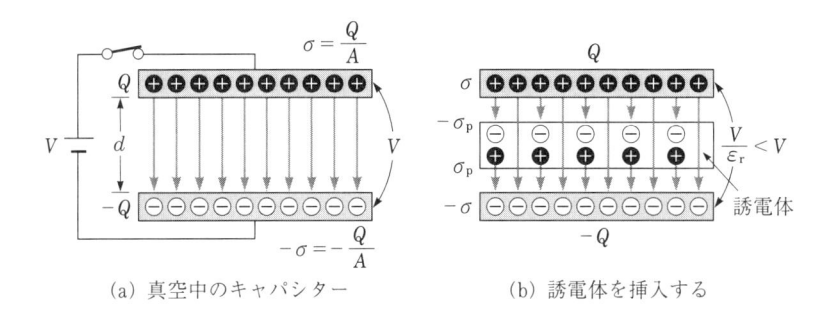

図3.1

す．面積 A の極板上の電荷を Q, $-Q$ とすると，面積 A の極板の電荷密度は $\sigma = \pm Q/A$ で，極板間の電場の強さ E は $E = \sigma/\varepsilon_0$ である（(2.19) 参照）．

次に，極板間に帯電していないガラスやパラフィンのような誘電体を差し込む（図 (b)）．すると，極板上の電荷は誘電体を差し込む前と同じで $\pm Q$ であるが，電位差を測ると減少している．極板の間をガラスが満たしている場合には，電位差は半分以下に減少している．減少率 $1/\varepsilon_r$ は物質の種類と温度だけで決まる定数で，極板間の最初の電位差やキャパシターの形にはよらない．ε_r をこの誘電体の**比誘電率**という．比誘電率は常に 1 より大きい（$\varepsilon_r > 1$）．

誘電体がない場合に，電気容量が C_0 のキャパシターの極板間に比誘電率 ε_r の誘電体を挿入すると，極板上の電荷 $\pm Q$ は変らないのに電位差 V が $1/\varepsilon_r$ 倍の V/ε_r になるので，電気容量 C は C_0 の ε_r 倍になる．

$$C = \frac{Q}{\dfrac{V}{\varepsilon_r}} = \frac{\varepsilon_r Q}{V} = \varepsilon_r C_0$$

表3.1 室温における比誘電率 ε_r

物　質	比誘電率
空気 (20°C, 1気圧)	1.000536
水	~ 80
石英ガラス	$3.5 \sim 4.0$
パラフィン	$1.9 \sim 2.4$
ポリエチレン	$2.2 \sim 2.4$
ロシェル塩	~ 4000
チタン酸バリウム	~ 5000

106   3. 誘電体と静電場

$$\therefore\ C = \varepsilon_r C_0 \qquad (3.1)$$

[**問 1**] C_1 と C_2 は同じ形で同じ大きさのキャパシターとし，C_1 には誘電体の板が挟んである．C_1 を充電して，その電位差 V_1 を測る．次に，電池をはずしてから C_1 と C_2 を並列につないで共通の電位差 V_2 を測る．誘電体の比誘電率 ε_r を求めよ（図 3.2 参照）．

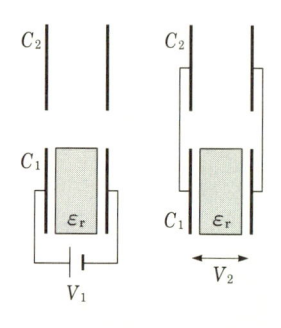

図3.2

分　極

極板上の電荷は変らないのに，極板間の電位差 $V = Ed$ が減少することは，極板間の電場の強さ E が弱まることを意味する．この現象は，誘電体が誘電分極し（§1.2 参照），表面に分極電荷が現れることで説明がつく．図 3.1(b) に極板間の電気力線を示したが，面密度 σ_p，$-\sigma_p$ の電荷が表面に現れ，電気力線が誘電体の表面で消滅・発生するので，誘電体内部の電場が $(\sigma - \sigma_p)/\sigma$ 倍になり，弱まるのである．

誘電体を電場 $\boldsymbol{E}$ の中に置くと，結晶の単位格子，分子，あるいは原子のような微視的な構造単位の中の正電荷をもつ粒子は電場の方向に，負電荷をもつ粒子は電場と逆方向に移動するが，粒子間の引力のために正電荷の粒子と負電荷の粒子はあまり離れられない．ここで移動する荷電粒子は単位格子あるいは分子の中では正，負のイオンであり，原子の中では電子である．したがって，分離した電荷を q，$-q$ とし，その平均的中心の間隔を L とすると，各単位は大きさが

$$p = qL \qquad (3.2)$$

の電気双極子モーメントをもつ電気双極子になる．電気双極子モーメント $\boldsymbol{p}$ は，図 3.3 に示すように，負電荷から正電荷の方を向いた大きさが $p = qL$ のベク

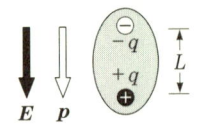

図3.3

トルである．

微視的な構造単位の大きさは極めて小さいので，巨視的に物体を見ると，物体の微視的な構造による不連続性は一様に塗りつぶされて見える．単位体積当りの微視的な構造単位数を N とすると，物体内に密度 $\rho = qN$ と $-qN$ で正負の電荷が一様に分布しているように見える．そして，この物体に電場 E をかけると，正負の電荷は電場 E の方向に距離 L だけずれる．図 3.4 に示すように，誘電体の面積 A の表面には電荷

$$\rho AL = \pm qNLA = \pm pNA \tag{3.3}$$

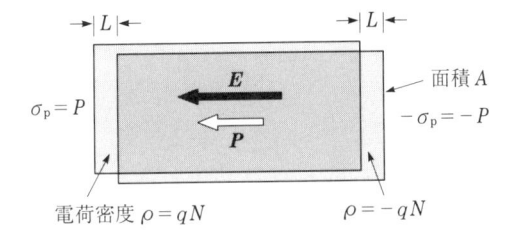

が誘起される．これを**分極電荷**という．分極電荷の面密度を $\pm \sigma_p$ とすると，面積 A の表面上の分極電荷 $\pm pNA$ は $\pm \sigma_p A$ と表されるので，

$$\sigma_p = pN \equiv P \tag{3.4}$$

図 3.4 分極の大きさ P = 分極電荷の密度 σ_p

となり，分極電荷の面密度 σ_p は誘電体の単位体積当りの電気双極子モーメント

$$\boxed{P \equiv pN = \frac{1}{V}\sum_i p_i} \tag{3.5}$$

の大きさに等しいことがわかる．(3.5) の和は，体積 V の誘電体中の微視的な構造単位の電気双極子モーメントの和である．(3.5) で定義される誘電体中の巨視的なベクトル場 P を**分極**という．誘電体が一様でなかったり，電場が一様でない場合には，分極の程度が場所によって異なる．このような場合には，点 r の近傍の，微視的な構造単位の大きさよりはるかに大きいが

肉眼では見えないほど微小な領域（体積 ΔV）での誘電体の単位体積当りの電気双極子モーメント

$$P(r) = \frac{1}{\Delta V} \sum_{微小領域} p_i \tag{3.5}'$$

を点 r の**分極**という．電気双極子モーメントの国際単位は「電荷の単位 C」×「長さの単位 m」の C·m なので，単位体積（$1\,\mathrm{m}^3$）当りの電気双極子モーメントである分極 P の国際単位は $\mathrm{C/m}^2$ である．

電場によって誘起される表面電荷密度は，符号まで含めて，分極 P の誘電体表面の外向き法線 n の方向の成分 $P \cdot n = P_n$ に等しく，

$$\sigma_\mathrm{p} = P \cdot n = P_\mathrm{n} \tag{3.6}$$

である．図 3.4 の場合に (3.6) が成り立つことは明らかであるが，一般の場合にも (3.6) が成り立つことを図 3.5 から読みとってほしい．

平行板キャパシターの極板の間を比誘電率 ε_r の誘電体で満たすと，その内部での電場は $E = (\sigma - \sigma_\mathrm{p})/\varepsilon_0$ で，

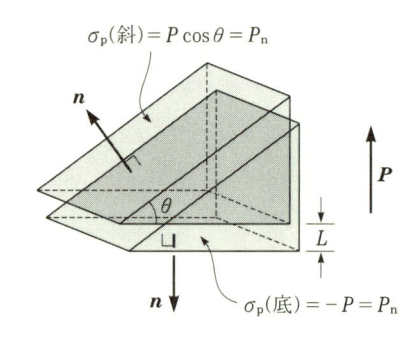

図 3.5 誘電体の直角三角柱の分極と分極電荷

これは極板上の自由電荷だけが作る電場 $E = \sigma/\varepsilon_0$ の $1/\varepsilon_\mathrm{r}$ 倍である（図 3.1 参照）．したがって

$$E = \frac{\sigma - \sigma_\mathrm{p}}{\varepsilon_0} = \frac{\sigma}{\varepsilon_\mathrm{r}\varepsilon_0} \tag{3.7}$$

である．この式を $\sigma - \sigma_\mathrm{p} = \varepsilon_0 E$，$\sigma = \varepsilon_\mathrm{r}\varepsilon_0 E$ と変形して，組み合わせると，

$$P = \sigma_\mathrm{p} = \sigma - \varepsilon_0 E = (\varepsilon_\mathrm{r} - 1)\varepsilon_0 E \tag{3.8}$$

が導かれる．したがって，分極の大きさ P は電場の強さ E に比例する．

§3.1 誘電体の分極　109

等方的な誘電体では，$\boldsymbol{P}$ は $\boldsymbol{E}$ と同方向を向くので，

$$\boldsymbol{P} = (\varepsilon_r - 1)\varepsilon_0 \boldsymbol{E} = \chi_e \varepsilon_0 \boldsymbol{E} \tag{3.9}$$

と表せる．ここで

$$\chi_e = \varepsilon_r - 1 \tag{3.10}$$

を**電気感受率**という．

ある物体の比誘電率と真空の誘電率の積

$$\varepsilon = \varepsilon_r \varepsilon_0 \tag{3.11}$$

をその物体の**誘電率**という．

なお，誘電体の中には，電場がかかっていなくても分極している強誘電体という種類のものがある．このような物質では電場と分極の比例関係 (3.9) は成り立たない．

例1. 分極 $\boldsymbol{P}$ の細い円柱がある．底面積は $\varDelta A$ である（図 3.6）．両端からの距離が r_1, r_2 の点 Q の電位 V_Q は，円柱の上端に誘起された分極電荷 $P \varDelta A$ と下端の分極電荷 $-P \varDelta A$ が点 Q に作る電位に等しいので，

$$V_Q = \frac{P \varDelta A}{4\pi\varepsilon_0}\left(\frac{1}{r_1} - \frac{1}{r_2}\right) \tag{3.12}$$

となる．

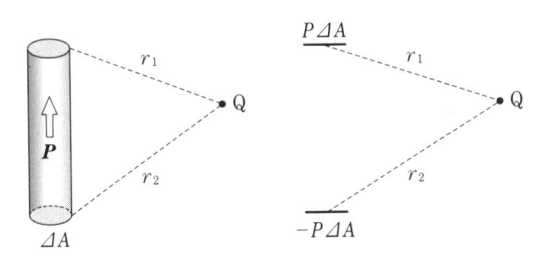

図 3.6

[問2]　図 3.1(a) の電池を接続した状態で極板の間に誘電体を差し込むと，電

池から極板に電荷が流れ込み，極板上の電荷は $\pm\varepsilon_r Q$ になることを示せ．

誘電体中の電場

これまで議論してきた誘電体中の電場 E は，誘電体中の微視的な構造単位が作る微視的な電場の微視的なスケールでの激しい変化を平均した巨視的な電場である．そして，この巨視的な電場を，極板上の電荷 (電荷密度 $\pm\sigma$) と，誘電体の表面に誘起された分極電荷 (電荷密度 $\pm\sigma_p$) がクーロンの法則 (1.22) に従って作る電場として計算した．

第1章では，電荷は電場を生み出すことと，電場は電荷に電気力を作用することを学んだ．§1.5では，真空中の電場 E を電荷 Q に作用する電気力 F を使って $E = F/Q$ と定義したので，誘電体中の電場も誘電体中の電荷 Q に作用する電気力 F を使って，F/Q と定義すると考える読者もいるかと思う．もちろん，電場 E は誘電体中の電荷 Q に電気力 QE を作用するが，固体中や液体中の電荷は周囲から圧力など他の力も受ける．そこで，固体の誘電体中に埋め込まれた電荷 Q にはたらく電気力の測定は不可能である．したがって，物質中の電場に対しては F/Q という定義は忘れ，自由電荷と分極 P で表される分極電荷がクーロンの法則に従って作るのが誘電体中の電場だと理解するのが実際的である．たとえば，平行板キャパシターの間隔 d，電位差 V の極板間の誘電体中の巨視的な電場の強さ E は $E = V/d$ として求められる．

誘電体がある場合の電場はあらゆる電荷の作る微視的な電場を巨視的に見て平均した場なので，第1章で導いた，任意の閉曲線 C に沿っての電場の線積分に対する式 (1.77)

$$\oint_C E_t\, ds = 0 \tag{3.13}$$

は，巨視的な電場に対してもやはり成り立つ．

§3.2 電束密度

同じように，電場のガウスの法則 (1.45) も巨視的な電場に対してそのままの形で成り立つ．ところで，電荷には自由電荷と分極電荷があるので，ある閉曲面 S の内部にある自由電荷の和を Q_0, 分極電荷の和を Q_p とすると，電場のガウスの法則を

$$\varepsilon_0 \iint_S E_n \, dA = Q_0 + Q_p \tag{3.14}$$

と表すことができる．

§3.2 電束密度

自由電荷と分極電荷の両方が作る電場 E のほかに，自由電荷だけに関係する物理量を導入すると都合がよい．そのような巨視的な場として，

$$\boldsymbol{D} = \varepsilon_0 \boldsymbol{E} + \boldsymbol{P} \tag{3.15}$$

を考えることとし，新しい場 D を**電束密度**とよぶ．電束密度の単位は分極の単位と同じで，C/m^2 である．

電場 E の様子が電気力線で表せるように，電束密度 D の様子は**電束線**で表せる．電気力線の始点は正電荷で，終点は負電荷なので，電気力線には正の分極電荷に始まり負の分極電荷に終わるものがあるが（図 3.7(b) では自由電荷の電気力線と打ち消し合っている），これは負の分極電荷から正の分極電荷に向かう分極 P の力線（図 (c)）の逆向きである．したがって，電束線は正の自由電荷に始まり負の自由電荷に終わる（図 (a)）．自由電荷 Q_0 から Q_0 本の電束線が出るので（D の中に E は $\varepsilon_0 E$ という形で入っているので Q_0/ε_0 本ではない），

「閉曲面 S から出ていく全電束 ψ_E」＝「閉曲面 S の内部の全自由電荷 Q_0」

$$\iint_S D_n \, dA = Q_0 \tag{3.16}$$

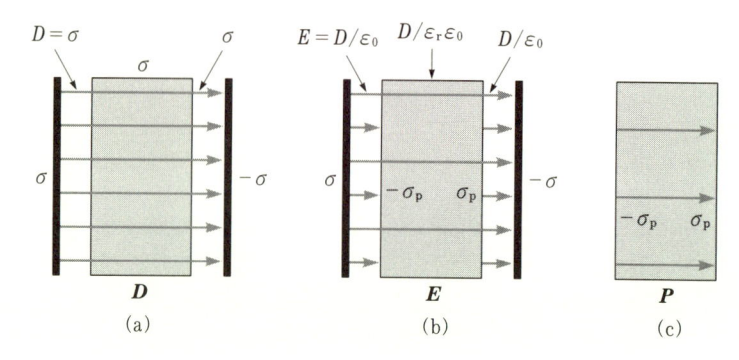

図 3.7 電束密度と電場

(a) 誘電体中では $D = \varepsilon_r \varepsilon_0 E = \varepsilon_r \varepsilon_0 (\sigma/\varepsilon_r \varepsilon_0) = \sigma$，隙間では $D = \varepsilon_0 E = \varepsilon_0 (\sigma/\varepsilon_0) = \sigma$ で，キャパシターの中ではどこでも $D = \sigma$．電束線は正の自由電荷で発生し，負の自由電荷で消滅する．

(b) 誘電体中では $E = (\sigma - \sigma_p)/\varepsilon_0$，隙間では $E = \sigma/\varepsilon_0$．電気力線は正電荷で発生し，負電荷で消滅する．

(c) 誘電体中では $P = \sigma_p$，隙間では $P = 0$．P を表す線は負の分極電荷で発生し，正の分極電荷で消滅する．

である．これが**電束密度のガウスの法則**である．

多くの物質では分極 P と電場 E は比例し，$P = (\varepsilon_r - 1)\varepsilon_0 E$ という関係があるので，これらの物質では (3.15) は

$$D = \varepsilon_r \varepsilon_0 E = \varepsilon E \tag{3.17}$$

と表せる．$\varepsilon = \varepsilon_r \varepsilon_0$ は誘電体の誘電率である．キャパシターの誘電体中の電場 E は誘電体のない場合の電場 E_0 の $1/\varepsilon_r$ 倍なので，電束密度は極板上の自由電荷だけがあり，極板間に誘電体がない場合の電場の ε_0 倍に等しいことがわかる（図 3.7）．

[**問 3**] (3.16) の導出法が厳密でないので不満な読者は，図 3.8 を参考にして，

$$\iint_S D_n \, dA = \varepsilon_0 \iint_S E_n \, dA + \iint_S P_n \, dA = Q_0 + Q_p + \iint_S \sigma_p \, dA = Q_0 \tag{3.18}$$

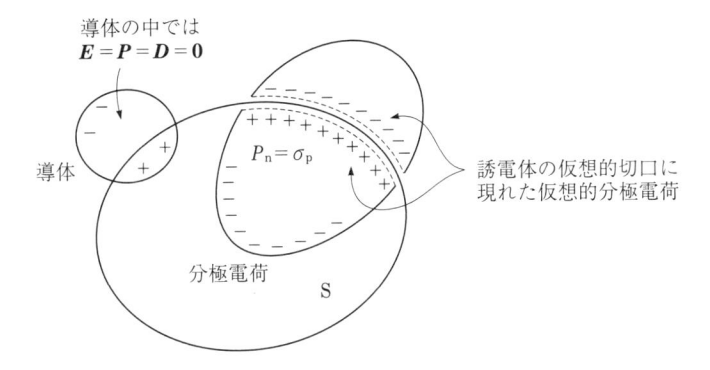

図 3.8 電束密度 D に対するガウスの法則
閉曲面 S の内部の「本来の分極電荷 Q_p」+「仮想的分極電荷 $-Q_\mathrm{p}$ ($P_\mathrm{n}=\sigma_\mathrm{p}$ の面積分)」はゼロである.

を証明せよ.ここで閉曲面 S によって生じた誘電体の仮想的な切り口に現れた面密度 $\sigma_\mathrm{p} = P_\mathrm{n}$((3.6)参照)の仮想的な分極電荷は,実際の分極電荷と打ち消し合うことを使え.

例 1. 誘電体中の点電荷の周りの電場

誘電体中の点電荷 Q の周りの電場 E を求める.原点に点電荷 Q があると,この点電荷から出る全電束は (3.16) によって Q なので,原点からの距離が r の点の電束密度 D の強さ D は「全電束」/「球の表面積」の $Q/4\pi r^2$ となり,

(a) 真空中の電場　　(b) 誘電体中の電場

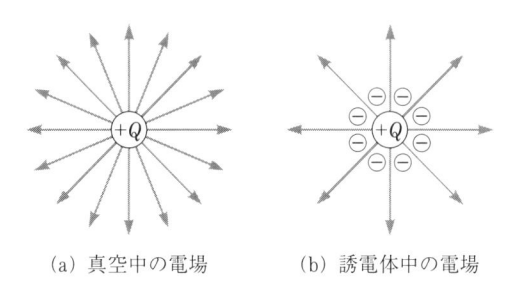

図 3.9

114   3. 誘電体と静電場

$$D = \frac{Q}{4\pi r^2} \tag{3.19}$$

である．この点での電場 E の強さ E は (3.17) から $E = D/\varepsilon_r\varepsilon_0$ なので，

$$E = \frac{Q}{4\pi\varepsilon_r\varepsilon_0 r^2} \tag{3.20}$$

$\varepsilon_r > 1$ なので，誘電体の内部での電場は真空中より弱くなる．弱くなる原因は，点電荷の周りに誘起した異符号の分極電荷である（図 3.9）．

§3.3 電気力線と電束線の屈折の法則

誘電率 ε_1 の誘電体と誘電率 ε_2 の誘電体が接している場合を考える．境界面に沿って正負の分極電荷が現れるが，境界面上に自由電荷はないものとする．境界面に垂直な薄い円筒（図 3.10(a)）に電束密度 D のガウスの法則 (3.16) を適用すると，円筒の内部に自由電荷は存在せず，狭い側面の寄与

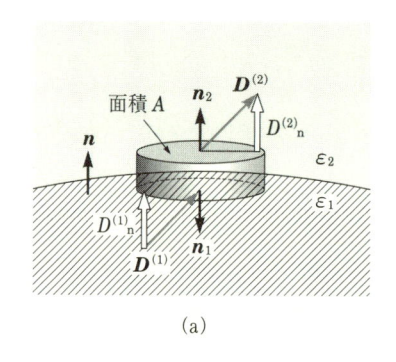

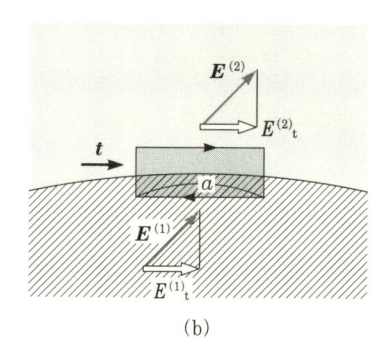

(a)   (b)

図 3.10 (a) 境界面と交わる薄い円筒
$$\iint_S D_n \, dA = D^{(2)}{}_n A - D^{(1)}{}_n A = 0$$
(b) 境界面と交わる細長い長方形
$$\oint_C E_t \, ds = E^{(2)}{}_t a - E^{(1)}{}_t a = 0$$

§3.3 電気力線と電束線の屈折の法則　115

は無視できるので，(3.16) は

$$\iint_S D_n \, dA = D^{(2)}{}_n A - D^{(1)}{}_n A = 0 \tag{3.21}$$

となる ($D^{(1)}{}_n$, $D^{(2)}{}_n$ は $\boldsymbol{D}^{(1)}$, $\boldsymbol{D}^{(2)}$ の境界面の法線ベクトル $\boldsymbol{n}$ の方向の成分)．したがって，

$$\boxed{D^{(1)}{}_n = D^{(2)}{}_n} \tag{3.22}$$

つまり，境界面で電束密度の法線方向成分 D_n は連続である．(3.22) は

$$D^{(1)} \cos \theta_1 = D^{(2)} \cos \theta_2 \tag{3.23}$$

と表せる (図 3.11(a))．

(a) 電束線の屈折　　(b) 電気力線の屈折

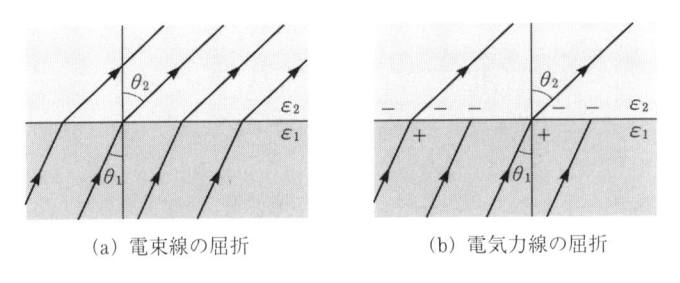

図 3.11

電場 $\boldsymbol{E}$ の法線方向成分 E_n は境界面で不連続であるが，(3.13) から図 3.10(b) に示す細長い長方形に沿った線積分は，長方形の短い辺からの寄与は無視できるので，

$$\oint_C E_t \, ds = E^{(2)}{}_t a - E^{(1)}{}_t a = 0 \tag{3.24}$$

となる．したがって，

$$\boxed{E^{(1)}{}_t = E^{(2)}{}_t} \tag{3.25}$$

つまり，境界面で電場の境界面の接線方向成分 E_t は連続なことがわかる．(3.25) は

$$E^{(1)}\sin\theta_1 = E^{(2)}\sin\theta_2 \tag{3.26}$$

と表せる（図 3.11(b)）．

$\boldsymbol{D}^{(1)} = \varepsilon_1 \boldsymbol{E}^{(1)}$, $\boldsymbol{D}^{(2)} = \varepsilon_2 \boldsymbol{E}^{(2)}$ と (3.23), (3.26) から，電束線と電気力線の**屈折の法則**

$$\frac{\tan\theta_1}{\tan\theta_2} = \frac{\varepsilon_1}{\varepsilon_2} \tag{3.27}$$

が導かれる．比誘電率の大きい物質の方が角 θ は大きい．境界面上に自由電荷が存在しない場合には，電束線は境界面で発生・消滅しない．比誘電率の異なる物質の境界面の両側では分極電荷が異なるので，境界面で電気力線が発生あるいは消滅する．

§3.4　誘電体がある場合の電場のエネルギー

比誘電率 ε_r の誘電体で内部を満たされた平行板キャパシターの電気容量は，内部が真空の場合の ε_r 倍である．したがって，このキャパシターに蓄えられるエネルギー $(1/2)CV^2$ は，極板の間が真空の場合の (2.39) の ε_r 倍の $(1/2)\varepsilon_r\varepsilon_0 E^2 Ad$ なので，体積 Ad のキャパシターの内部には，単位体積当り

$$u_E = \frac{1}{2}\varepsilon_r\varepsilon_0 E^2 = \frac{1}{2}ED \tag{3.28}$$

の電場のエネルギーが蓄えられている．$ED/2$ のうち $\varepsilon_0 E^2/2$ は真空中に蓄えられ，(2.39) と (3.28) の差の $(1/2)(\varepsilon_r - 1)\varepsilon_0 E^2$ は誘電体の内部に分極エネルギーとして蓄えられている．

§3.5　いろいろな物質の比誘電率

§3.1 で，物質の巨視的な分極 $\boldsymbol{P}$ は，単位体積当りの微視的な構造単位の微視的な電気双極子モーメントの和であること，つまり，微視的な構造単位の電気双極子モーメントのベクトルとしての平均を $\boldsymbol{p}$，単位体積当りの微視

的な構造単位の数を N とすれば

$$P = pN \tag{3.5}$$

であることを示した．電気感受率が $\chi_e = \varepsilon_r - 1$ の誘電体に電場 E を加えると，分極

$$P = (\varepsilon_r - 1)\varepsilon_0 E = \chi_e \varepsilon_0 E \tag{3.9}$$

が生じるが，これは微視的な構造単位が微視的な電場 E_M を感じて，電気双極子モーメント

$$p = \alpha E_M \tag{3.29}$$

をもつことによる．比例定数の α は分子の分極率とよばれる．

以下では，特に気体，液体のように，構造単位が分子である場合を考えよう．各分子は自分自身の作る電場を感じないので，分子の位置の巨視的な電場 E と分子電場 E_M は異なる．分子の形を球だと近似すると，分子の周囲の球面には面密度 P_n の分極電荷が現れ（図 3.12），このために，分子には $P/3\varepsilon_0$ という電場が加わる（演習問題 [6] 参照）．したがって，

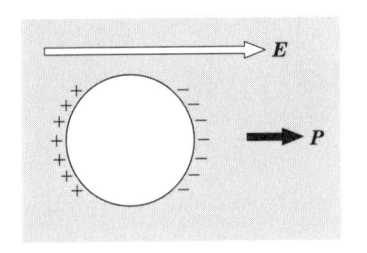

図 3.12 誘電体に電場 E をかけると，分子の周囲の球面には電荷密度 P_n の分極電荷が現れ，このために分子には $P/3\varepsilon_0$ という電場が加わる．

$$E_M = E + \frac{P}{3\varepsilon_0} \tag{3.30}$$

である．

(3.29), (3.30) と $P = pN$ から

$$P = \frac{N\alpha}{1 - \dfrac{N\alpha}{3\varepsilon_0}} E \tag{3.31}$$

が得られる．P に対するこの式を巨視的な公式 $P = \chi_e \varepsilon_0 E = (\varepsilon_r - 1)\varepsilon_0 E$ に等しいとおくと，巨視的なパラメーター $\chi_e = \varepsilon_r - 1$ を微視的なパラメー

ター α で表す，クラウジウス‐モソッティの関係式

$$\left.\begin{aligned}\chi_{\mathrm{e}} &= \frac{\dfrac{N\alpha}{\varepsilon_0}}{1-\dfrac{N\alpha}{3\varepsilon_0}}\\ \varepsilon_{\mathrm{r}} &= \frac{1+\dfrac{2N\alpha}{3\varepsilon_0}}{1-\dfrac{N\alpha}{3\varepsilon_0}}\end{aligned}\right\} \quad (3.32)$$

が得られる．

単位体積当りの分子数 N は質量密度 ρ_{m}, アボガドロ定数 N_{A}, 分子量 A を使うと，

$$N = \frac{\rho_{\mathrm{m}} N_{\mathrm{A}}}{A} \quad (3.33)$$

である．

気体

気体は密度が小さく，$N\alpha/3\varepsilon_0 \ll 1$ なので，

$$\chi_{\mathrm{e}} \approx \frac{N\alpha}{\varepsilon_0} \quad (3.34)$$

と表され，気体の電気感受率 χ_{e} は密度に比例する．

無極性分子と極性分子

分子は電気的構造によって，無極性分子と極性分子に分類される．

分子内部の正電荷の平均的中心と負電荷の平均的中心が一致しているものを**無極性分子**という．たとえば，1原子分子や，H_2, O_2, CO_2, CH_4 のように対称性のある分子は一般に無極性分子である（図 3.13(a)）．これに対して，正負の電荷の平均的中心が一致せず，始めから分極して電気双極子になっている分子を**極性分子**という．HCl, CO, H_2O, NH_3 のように対称性のない分子は極性分子である（図 3.13(b)）．極性分子の電気双極子モーメントの大きさは，電気素量 e とボーア半径 a_0 の積の 10^{-29} C·m 程度である．

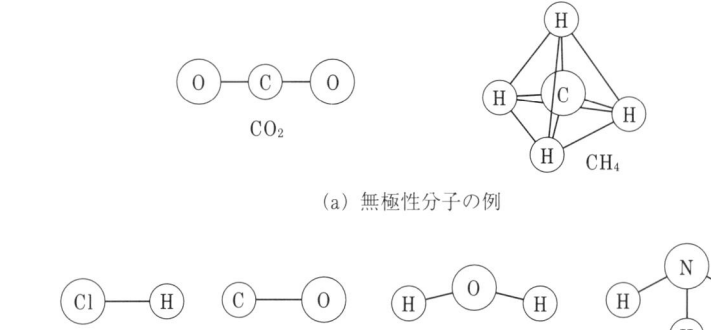

§3.5 いろいろな物質の比誘電率 119

(a) 無極性分子の例 (CO₂, CH₄)

(b) 極性分子の例 (HCl, CO, H₂O, NH₃)

図 3.13

無極性分子の分極率

§3.1 で説明した分極は，無極性分子から構成された物質の分極である．無極性分子の分極率 α を，分子は「半径 R の球の内部に 1 個の価電子のもつ負電荷 $-e$ が一様に分布していて，その中に核と核に強く束縛されている残りの電子（正イオン）がいる」というモデルで計算しよう．

§1.10 の [例題 1.8] で，負電荷 $-e$ が一様に分布している球の中心からの位置ベクトルが r の点 $(r < R)$ での電場は $-er/4\pi\varepsilon_0 R^3$ であることを学んだ．したがって，分子に外部から電場 E を加えると，価電子の中心と正イオンの中心の距離は $r = 4\pi\varepsilon_0 R^3 E/e$ なので，$p = er = 4\pi\varepsilon_0 R^3 E$ である．そこで，分子の半径 R をボーア半径 a_0 だと近似すると，無極性分子の分極率に対する近似式

$$\alpha \approx 4\pi\varepsilon_0 a_0^3 \approx 10^{-40}\,\mathrm{C^2 \cdot m/N} \tag{3.35}$$

が得られる．この分子分極率は温度に無関係である．

極性分子の分極率

極性分子から構成されている物体では，電場がない場合には，熱運動のた

めにその中の個々の分子はばらばらな方向を向いているので，平均すれば分子の電気双極子の効果は打ち消し合い，物体は全体として見ると電気的に分極していない．

極性分子（電気双極子モーメント p_m）から構成された物質を電場 E の中に置くと，電気力のモーメント $p_m \times E$ が分子の電気双極子モーメント p_m を電場 E の方向に向けようとするが，熱運動は電気双極子モーメントの向きがそろうのを妨げる．その結果，温度が高いほど分極しにくくなる．統計力学によれば，極性分子の分極率は絶対温度 T に反比例し，

$$\alpha = \frac{p_m^2}{3kT} \quad \left(ただし, \frac{p_m E}{kT} \ll 1\right) \tag{3.36}$$

となる．k はボルツマン定数である．$p_m = 10^{-29}$ C·m とすると，常温では $\alpha \approx 10^{-38}$ C^2·m/N となり，(3.35) の無極性分子の分極率よりもずっと大きい．なお，極性分子も無極性分子と同じような分極も行うので，極性分子の分極率は (3.35) と (3.36) の和になるが，(3.35) の分極率は温度によって変化しないので，高温でなければ無視できる．

電場が変化するときの比誘電率

以下では，再び結晶を含めて誘電体一般を扱う．上では時間的に変化しない静電場の中での誘電体の比誘電率を計算した．時間的に変動する電場に対する誘電体の比誘電率は，電場の振動数によって変化する．電磁波の屈折率はほぼ $\sqrt{\varepsilon_r}$ であるが，光の屈折率が振動数によって異なることによる分散という現象がある．静電場に対する水の比誘電率は常温で約 80 であるが，光に対する水の屈折率は 1.33 なので，光の振動数に対応する比誘電率は 1.8 である．

強誘電体

誘電体の中には，電場に入れると強く分極し，電場からとり出しても分極の残るものがある．代表的なものとして，第1リン酸カリウム KH_2PO_4，チタン酸バリウム $BaTiO_3$，ロシェル塩 $KNaC_4H_4O_6 \cdot 4H_2O$，などがある．こ

れらの物質は**強誘電体**とよばれている．強誘電体は磁性の場合の強磁性体に対応する誘電体である．強誘電体の温度を上げると，キュリー温度とよばれる温度で結晶構造が変化して強誘電性が失われる．

（参考）**圧電現象**　電気石や水晶などの強誘電性結晶に圧力や張力を加えると，結晶が歪み，正負のイオンの配列に変化が起こって分極が発生し，表面に電荷が現れる．逆に，強い電場を加えると，結晶は電場の向きにわずかであるが伸び縮みする．このような現象を圧電現象またはピエゾ効果という．ロシェル塩，チタン酸バリウム，リン酸カリウム，水晶などは圧電現象が著しい．自動点火装置は，強誘電体を強く叩くと高電圧が発生し，針状の電極の間に火花を飛ばせることを利用している（図3.14）．

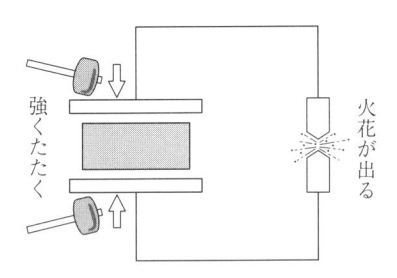

図3.14　自動点火装置の概念図

演習問題

[1] 内径10 cm，高さ20 cm，厚さ5 mmのガラス瓶の下半分の内側と外側にすず箔を貼ったライデン瓶の電気容量を概算せよ（ガラスの比誘電率を4とせよ）．

[2] 表面積$1\,\mathrm{m}^2$，厚さ0.1 mmの紙を挟んで作った2枚の金属箔で作られたキャパシターの電気容量はいくらか．紙の比誘電率を3.5とせよ．

[3] 細胞の内外にあるイオンが，厚さが$10^{-8}\,\mathrm{m}$の平らな細胞膜（比誘電率8）で分離されている（図）．

（1）細胞膜の$1\,\mathrm{cm}^2$当りの電気容量を求めよ．

（2）細胞膜の両面の電位差が0.1 V

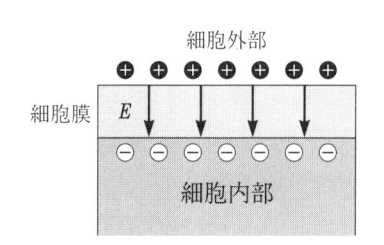

ならば，1cm² の細胞膜に蓄えられるエネルギーはいくらか．

（3）　細胞膜の中の電場の強さ E と，膜の両側の層での 1cm² 当りの電荷 Q を求めよ．

[4]　比誘電率が一様でない物質を電場の中に入れると，表面以外に，分極 P の異なる部分の境界面にも分極電荷が生じる．図のように，平行板キャパシターの板間距離のうち d_1 が比誘電率 ε_1，残りの d_2 が比誘電率 ε_2 の誘電体で満たされている．このキャパシターの電気容量 C と，2つの誘電体の境界に現れる電荷密度を求めよ．極板の面積を A とし，極板の電荷密度を σ とする．

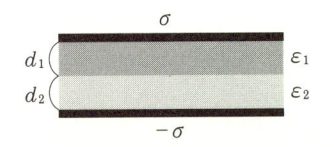

[5]　導体が誘電体と接していると，導体表面での電場の強さの公式 (2.2) はどう変るか．

[6]　「球面上の面密度 $P\cos\theta$ の電荷が球の内部に作る電場は一様で，強さは $P/3\varepsilon_0$ である」という §2.1 の [例題 2.2] の結果を使って，(3.30) を導け．

[7]　一様な電場 E の中にある電気双極子 p の電気力による位置エネルギー U は
$$U = -\boldsymbol{p}\cdot\boldsymbol{E}$$
$$= -pE\cos\theta$$
であることを示せ．θ は p と E のなす角である．ただし，$\boldsymbol{p}\perp\boldsymbol{E}$ のときの位置エネルギーがゼロであるとした（図）．位置エネルギーが最小なのはどのような場合か．

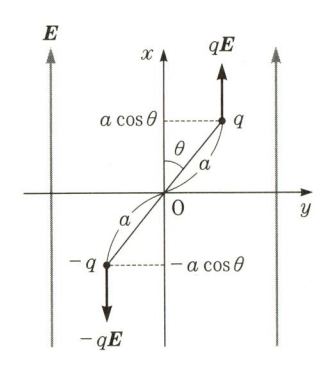

[8]　（1）　§1.6 の [例題 1.6] で求めた電気双極子の電場 (1.28) を使って，図 (a) の電気双極子 p が点 P に作る電場 E の動径方向成分 E_r とそれに垂直な成分 E_θ は次のように表されることを示せ．

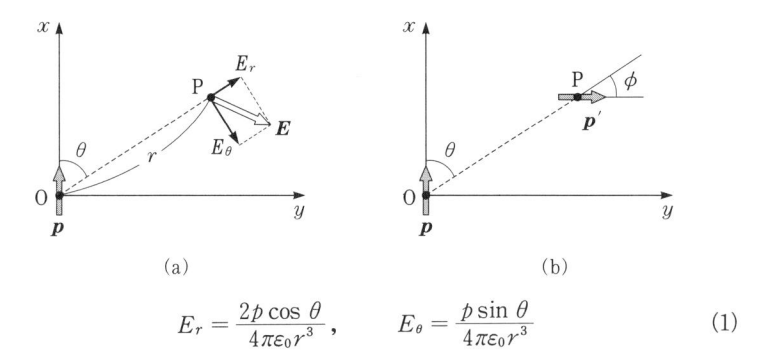

$$E_r = \frac{2p\cos\theta}{4\pi\varepsilon_0 r^3}, \qquad E_\theta = \frac{p\sin\theta}{4\pi\varepsilon_0 r^3} \tag{1}$$

（2） 点 P に別の電気双極子 $\bm{p}'$ を図 (b) のように置くと，2 つの電気双極子の電気力による位置エネルギー U は

$$U = -\,\bm{p}'\cdot\bm{E} = -\frac{pp'}{4\pi\varepsilon_0 r^3}(2\cos\theta\cos\phi + \sin\theta\sin\phi) \tag{2}$$

と表せることを示せ．

（3） $\cos(\theta+\phi) = \cos\theta\cos\phi - \sin\theta\sin\phi$ を使うと，(2) は

$$U = \frac{1}{4\pi\varepsilon_0}\frac{r^2(\bm{p}\cdot\bm{p}') - 3(\bm{p}\cdot\bm{r})(\bm{p}'\cdot\bm{r})}{r^5} \tag{3}$$

と表せることを示せ．(2) と (3) から，原点にある電気双極子 $\bm{p}$ が点 $\bm{r}$ に作る電場は

$$\bm{E}(\bm{r}) = \frac{1}{4\pi\varepsilon_0}\frac{3(\bm{p}\cdot\bm{r})\bm{r} - r^2\bm{p}}{r^5} \tag{4}$$

であることがわかる．

（4） 図に示す 4 つの場合のどれが一番位置エネルギーが低いか．

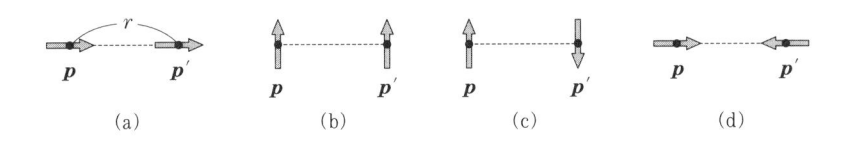

[9] 誘電体（比誘電率 ε_{r}）の大きな立方体の表面の中央に点電荷 q を近づけると，表面に分極電荷が誘起し，点電荷に引力を作用する（図）．この分極電荷が

(a)　　　　　　　　(b)

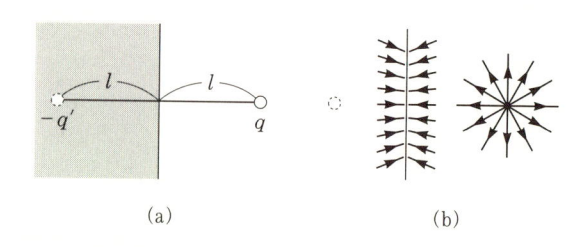

表面の外側に作る電場は，表面に関して点電荷と対称な位置にある点電荷 $-q'$ の作る電場と同じであることがわかっている．また，分極電荷の作る電場は表面に関して対称なので，分極電荷が誘電体の内部に作る電場は点電荷 q の位置にある点電荷 $-q'$ の作る電場と同じである．電束密度の表面での法線方向成分が連続という境界条件 (3.22) を使って，

$$q' = \frac{\varepsilon_r - 1}{\varepsilon_r + 1} q$$

であることを導け．また，点電荷 q が誘電体から受ける電気力の大きさを求めよ．

4 電　　流

　われわれは荷電粒子や電荷そのものより，荷電粒子の集団的な移動現象である電流になじみが深い．

　停電すると社会の活動は麻痺し，日常生活は不便になる．電力は動力源，エネルギー源だからである．その電力は電源で生み出される．もう少し厳密にいうと，他の形態のエネルギーが電源で電気エネルギーに転換される．この電気エネルギーは電源から導線を通じて家庭や工場に運ばれ，そこで電灯を点灯させたり，スピーカーをならしたり，モーターを動かしたり，ヒーターで熱を発生させたりして，別の形態のエネルギーに転換する．

　この過程で，エネルギーを運ぶという重要な役割を果たすのが電流であり，電流を担うのは導線の中を移動する自由電子である．

§4.1　電　流

電流とは

　電流とは，荷電粒子の移動によって生じる電荷の流れである．金属の導線の中では負電荷を帯びた自由電子（伝導電子）が移動する．電流は，金属の中ばかりでなく，電解質溶液の中でも流れる．電解質溶液の中では，正イオンと負イオンが移動する．また，テレビのブラウン管の中では，真空中を飛ぶ電子によって電流が生じる．

　表と裏が決めてある面Sを通過する電流とは，「単位時間に面Sを裏から表の向きに通過する電気量である」と定義する．したがって，正電荷が面S

を裏から表へ通過すれば電流は正であるが，負電荷が面 S を裏から表へ通過すれば電流は負である．

面 S を裏から表の向きに時間 Δt に通過する電気量を ΔQ とすると，このときの電流 I は，

$$I = \frac{\Delta Q}{\Delta t} \tag{4.1}$$

である．この式を変形すると，電流 I が時間 Δt 流れたときに導線の断面を通過する電気量 ΔQ は

$$\Delta Q = I\,\Delta t \tag{4.2}$$

と表されることがわかる．

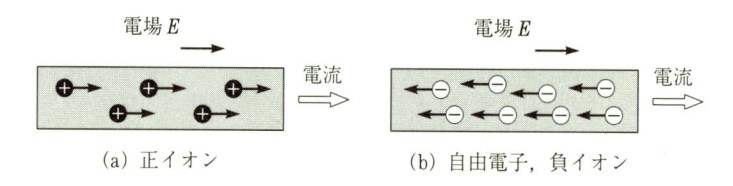

(a) 正イオン　　　　(b) 自由電子，負イオン

図 4.1　電場と電流の向き

さて，導線の中で荷電粒子が運動するのは，電場による電気力が作用するからである．電場の中では，正電荷を帯びた粒子は電場の方向を向いた電気力を受け，電場と同じ向きに運動する（図 4.1(a)）．これに対して，負電荷を帯びた自由電子や負イオンなどの粒子は，電場の逆方向を向いた電気力を受け，電場の逆方向に運動する（図 (b)）．したがって，この場合にも電流と電場は同じ向きである．電場の向きは高電位から低電位の方向を向いているので，水が水位の高い所から低い所へ流れるように，電流も高電位から低電位の向きに流れる．

電流の単位

電流の国際単位をアンペアといい，A と記す．電流の単位 1 A は，1 秒

(s) 間に 1 クーロン (C) の電気量が移動するときの電流の強さ 1 C/s である．

$$A = C/s \tag{4.3}$$

電流が荷電粒子の流れであることを肉眼で直接に見ることはできない．電流が流れていることは，電流による発熱現象や化学反応（電気分解）などによっても知ることができるが，電流がその周囲に作る磁場の磁気作用で正確に知ることができる．したがって，導体を流れる電流の測定は，導体の断面を通過する電気量（荷電粒子の数と電荷の大きさ）の測定によるのではなく，第 8 章で学ぶ，電流の磁気作用の強さが電流の強さに比例するという性質を使って行われる．そこで，電流の単位 A の厳密な定義も電流の磁気作用によって行われる（「電磁気学 (II)」の §8.3 参照）．電流を担う粒子の電荷が正でも負でも，符号まで含めた電流が同じ値なら，生じる磁気作用はまったく同じである．（電流を担う荷電粒子の電荷の正負は，ホール効果で知ることができる（「電磁気学 (II)」の §10.6 参照）．

なお，導線を流れる電流は，負電荷を帯びた自由電子が正イオン（金属イオン）の間を移動していくことによって生じるので，電流の流れている導線は電気的に中性であり帯電していない．

導線を流れる電流

単位体積当りの自由電子の個数が n の金属で，断面積 A の一様な導線を作る．この導線の中を電荷 $-e$ の自由電子が平均速度 v で移動しているとき，単位時間に導線の断面を通過する自由電子の数は nvA なので，この電流の強さ I は

$$I = envA \tag{4.4}$$

である（図 4.2）．なお，単位体積当り

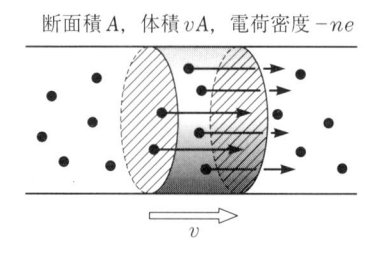

図 4.2 1 秒間の自由電子の移動
$I = envA$

断面積 A，体積 vA，電荷密度 $-ne$

の電荷の $-en$ を自由電子の電荷密度という.

ドリフト速度

　導体の両端に電池の正極と負極をつなぐと導体に電流が流れる. これは導体の両端に電位差が生じたことによって, 導体の中に電場 E が生じ, 導線中の負電荷 $-e$ をもつ自由電子に電気力 $-eE$ がはたらき, 自由電子が電場と逆方向に移動するからである. しかし, 導線の両端に電位差がなく, したがって導線中に電場がない場合には導線中の自由電子は静止しているというわけではない. 量子力学のパウリの排他原理のために, 導線中の自由電子は電場がなくても 10^6 m/s 程度の極めて高速で正イオンの間を乱雑に運動している (§1.2 参照).

　導線の両端に電池をつなぎ, 導線中に電場が生じると, 自由電子は電場から電気力を受けて加速されるが, すぐに熱振動している正イオンや不純物に衝突して散乱される. 自由電子は加速, 衝突, 散乱をくり返し, 平均としては, 電場の強さ E に比例する ある一定の速度で移動する (図 4.3). その結果, 導線中を一定の大きさの電流が流れる. 衝突・散乱の効果は, 電気力につり合う抵抗力の役割を演じる. この平均移動速度 v を**ドリフト速度**という.

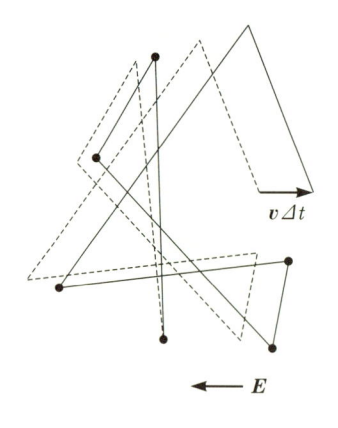

図 4.3 ドリフト速度
　導線の中では自由電子が正イオンの間で, 加速, 熱振動している正イオンとの衝突, 散乱, 加速, …, という過程をくり返し, 平均としては一定のドリフト速度 v で電場 E の逆方向に移動する. 電場のない場合 (点線) と電場のある場合 (実線) の時間 $\mathit{\Delta} t$ での自由電子の移動の変化の差が $v\mathit{\Delta} t$ である.

断面積が 2 mm² の銅の導線を 1 A の電流が流れているときのドリフト速度は 3×10^{-5} m/s なので,1 分間にわずか 2 mm を進む速さで,極めて遅い.これは,電子の乱雑な運動の平均の速さ(約 10^6 m/s)の 10^{10} 分の 1 以下の速さである.なお,ドリフトとは漂流を意味する.

例 1. ドリフト速度の計算例

1 m³ に約 10^{29} 個の自由電子のある銅で,断面積 A が 2 mm² の導線を作り,この導線に 1 A の電流を流すと,このときの自由電子の平均速度 v は

$$v = \frac{I}{neA} = \frac{1 \, \text{C/s}}{10^{29} \, \text{m}^{-3} \times 1.6 \times 10^{-19} \, \text{C} \times 2 \times 10^{-6} \, \text{m}^2}$$
$$\sim 3 \times 10^{-5} \, \text{m/s}$$

で,秒速 1/300 cm 程度なので,導線中の自由電子の流れは極めて遅いことがわかる.ここで,電子の電荷は $-e = -1.6 \times 10^{-19}$ C であることを使った.

豆電球とスイッチを導線で電池につなぎ,スイッチを入れるとすぐに豆電球がつく.この場合,豆電球を最初に流れる自由電子は電池の負極を出発してスイッチを通ってやってきたものでないことは,自由電子の平均の速さが秒速 1/100 cm 程度以下だということからわかる.豆電球が点灯するのは,フィラメントの中に電場が生じるので,もともとフィラメントの中にいた自由電子が電気力で動いたからである.スイッチを入れるまでは,等電位の導線や豆電球の中に電場はない.スイッチを入れた瞬間に,電場が光の速さで豆電球まで伝わり,フィラメントの中の自由電子を動かし,フィラメントが高温になると点灯する.電池の負極にいた自由電子が豆電球まで到達するには長時間かかるが,電池の化学的エネルギーは電場によって豆電球まで光速で伝わり,熱と光のエネルギーになる.

電流密度

導線の面積 A の垂直な断面の単位面積を流れる電流

130   4. 電 流

$$j = \frac{I}{A} \tag{4.5}$$

を**電流密度**という(単位は A/m²).図 4.2 の導線を流れている電流の場合には,(4.4),(4.5)から

$$j = env \tag{4.6}$$

となる.電流には流れの向きがあるので,電流密度を電流の向きを向いたベクトル場 j として扱える.電子の電荷 $-e$ は負なので,電流密度は自由電子の平均速度(ドリフト速度)v と逆向きで,

$$j = -env \tag{4.7}$$

である.なお,電荷 q の荷電粒子の流れの場合の電流密度は,荷電粒子の密度を n,平均速度を v とすると,

$$j = qnv \tag{4.8}$$

である.

§4.2 起 電 力

起 電 力

コンデンサーを充電して,2 つの極板に導線で豆電球をつなぐと,電位の高い正電荷を帯びた極板 A から電位の低い負電荷を帯びた極板 B へ電流が

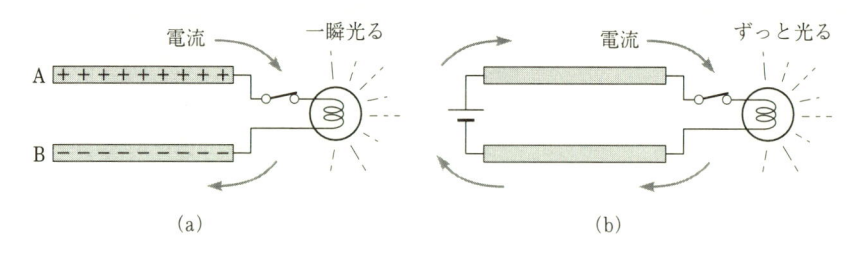

図 4.4

流れ，豆電球が一瞬光る（図 4.4(a)）．豆電球が一瞬しか光らないのは，2 つの極板の電位がすぐに等しくなり，電流が流れなくなるからである．豆電球に電流を流し続けるには，2 つの極板に電池を接続し，極板の電位差を一定に保つ必要がある（図 (b)）．

このように，電位差を一定に保ち続けるはたらきを**起電力**（英語では emf）という．したがって，起電力の単位は電位差の単位のボルト（記号 V）である．起電力を発生させる装置を**電源**という．電源の起電力を電源の電圧ともいう．電源には電池（化学電池，太陽電池，燃料電池），発電機，熱電対などがある．電池の記号を図 4.5 に示す．長い線が正極，短い線が負極を表す．太陽電池については第 6 章で，発電機に利用されている電磁誘導による誘導起電力については，「電磁気学 (II)」の第 9 章で説明する．

図 4.5　電池の記号

第 2 章の演習問題 [1] で紹介したバン・デ・グラーフ発電機では，支持台の下部で集めた電荷を電位差による電場に逆らってベルトで金属球殻まで運ぶ仕事が，この場合の起電力になっている．電位差を作り出す起電力の起源は力学的な仕事とは限らない．

熱起電力

1 つの金属に高温の部分と低温の部分があると，熱運動の活発な高温の部分から熱運動の不活発な低温の部分の方へ自由電子が移動していく．そこで，負電荷の電子を高温の部分から低温の部分へ移動させようとする非電気的な作用が存在するので，低温の部分から高温の部分に向かう起電力が生じることになる．この起電力を**熱起電力**という．電子の流れ（熱の流れ）の向きと起電力の向きが逆なのは，電子の電荷が負だからである（図 4.6）．

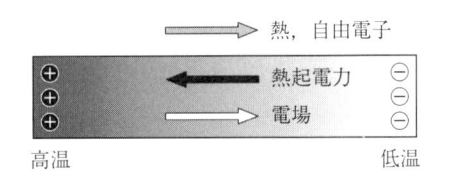

図 4.6　温度勾配と熱起電力

自由電子の移動によって，低温

の部分は電子の密度が大になって負に帯電し,高温の部分は電子の密度が小になって正に帯電する.この正・負の電荷によって生じる電場の電位差が熱起電力につり合えば,自由電子の移動は停止する.

ある温度差に対する熱起電力の大きさは物質によって異なる.そこで,2種類の金属AとBの両端を接合して回路を作り,2つの接点の一方を高温に,他方を低温に保てば,2つの金属の熱起電力の差 $V_A - V_B$ によって回路に電流(熱電流) I が流れる(図4.7).このような装置を**熱電対**という.この現象は1821年にゼーベックが発見したので,**ゼーベック効果**という.熱起電力と一方の接点の温度を測定すると,もう一方の接点の温度を知ることができるので,この効果は温度の測定に利用されている.

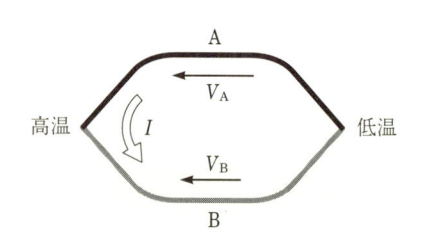

図4.7 熱電対

(**参考**) **ペルティエ効果** 図4.8(a)のように,2種類の金属,たとえば銅とコンスタンタン(ニッケルと銅の合金)を接合し,銅からコンスタンタンに矢印の向きに電流を流すと,接合部Cでは熱を発生し,A,Bでは周囲の熱を吸収する.また,図(b)のように電流の向きを逆にすると,接合部Cでは熱を吸収し,A,Bでは熱を発生する.一般に,2種類の金属をこのように接合し電流を流すと,接合部で熱の発生や吸収が行われる.この現象を**ペルティエ効果**という.この効果を利用すると,冷却・加熱などの精密な自動

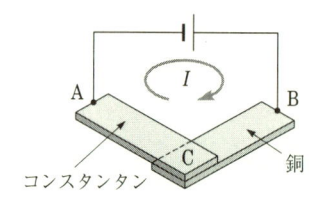

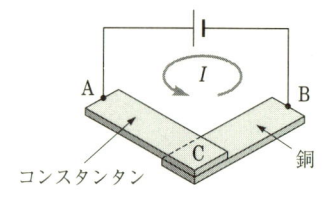

(a) Cで熱が発生する.　　(b) Cで熱が吸収される.

図4.8 ペルティエ効果

温度調節が容易にできる．

§4.3　オームの法則

抵　抗

電流が流れるのを妨げる作用を電気抵抗あるいは単に抵抗という．どのような導線にもある程度の抵抗はあるが，抵抗の役割を担う部品も使用されていて，**抵抗器**というが，抵抗器とよばずに単に抵抗とよぶことが多い．抵抗器はセラミックス，炭素，あるいは合金のコイルなどから作られている．抵抗器の記号として，図4.9に示されているものを使う．

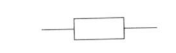

図4.9　抵抗器(抵抗)の記号

オームの法則

図4.10に示すように，抵抗器の両端に直流電源を接続し，抵抗器の温度が一定になるようにして電源の電圧 V を変化させると，抵抗器を流れる電流 I は電圧 V に比例する．つまり，

> 温度が一定の抵抗器を流れる電流 I は，抵抗器の両端の電位差（電圧）V に比例する．

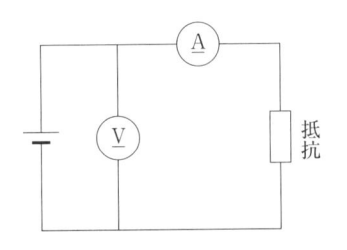

図4.10　電流と電圧の測定

この比例関係はオームが1827年に発見したので，**オームの法則**という．この法則を

$$V = RI \tag{4.9}$$

と表し，比例定数 R を**電気抵抗**または**抵抗**という．抵抗の国際単位はV/Aで，電圧が1Vのときに流れる電流が1Aになる抵抗の値であり，これを**オーム**（記号 Ω）という．

$$\Omega = \mathrm{V/A} \tag{4.10}$$

である.なお,電気回路の場合,回路の1部分の電位差も**電圧**とよぶことが多い.

オームの法則は,電圧と電流があまり大きくない場合に成り立つ近似的な関係である.オームの法則は金属・合金ではよく成り立つが,電解質溶液,ダイオード,放電管などでは成り立たない.たとえば,ダイオードでは電流

(a) ダイオードの場合

(b) オームの法則に従う場合

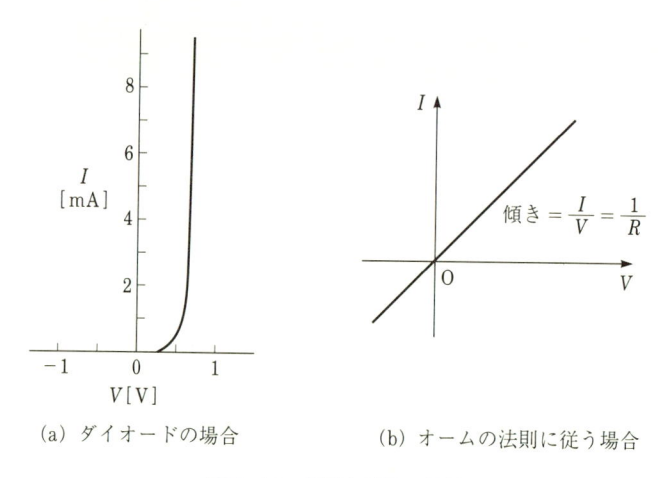

図4.11 電圧と電流の関係

と電圧が比例しないばかりでなく,同じ電圧でも電圧をかける向きによって流れる電流の大きさが異なる.半導体のpn接合ダイオードでの電圧と電流の関係を図4.11(a)に示す.オームの法則に従う導体の場合は,電圧と電流の関係を表す線は原点を通る直線になるので(図(b)),直線からのずれはオームの法則からのずれを意味する.

電気抵抗をもつ物体の内部を電流Iが流れている場合,電流の向きに電位は低くなる.これを**電圧降下**という.電気抵抗がRの部分での電圧降下は,もちろんRIである(図4.12).

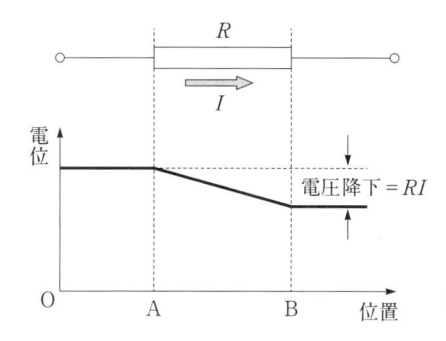

図 4.12 電圧降下 $V = RI$

電気抵抗率

金属は電気を良く伝えるが，抵抗はゼロではない．温度が一定の一様な導線の電気抵抗 R は，その長さ L に比例し，断面積 A に反比例する（図 4.13）．したがって，導線の電気抵抗 R を

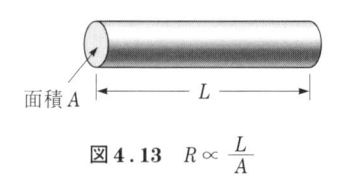

図 4.13 $R \propto \dfrac{L}{A}$

$$R = \rho \frac{L}{A} \tag{4.11}$$

と書くと，比例定数 ρ は導線の材料と温度で決まる定数であり，ρ をその物質のその温度での**電気抵抗率**という．(4.11) から電気抵抗率の単位は $\Omega \cdot m$ であることがわかる．

電気抵抗率は温度とともに変化する．温度 T_0 での電気抵抗率を ρ_0 とすると，温度 T での電気抵抗率は近似的に

$$\rho = \rho_0 [1 + \alpha_0 (T - T_0)] \tag{4.12}$$

と表される．α_0 を温度 T_0 での**電気抵抗率の温度係数**という．

電気伝導率

電気抵抗率 ρ の逆数を**電気伝導率**とよぶ（記号 σ）．

136　4. 電　流

$$\sigma = \frac{1}{\rho} \tag{4.13}$$

電気伝導率の国際単位は $\Omega^{-1} \cdot m^{-1}$ である．

電気抵抗率の式 (4.11) をオームの法則 (4.9) に代入すると，

$$\frac{V}{L} = \rho \frac{I}{A} \tag{4.14}$$

となる．V/L は長さ L の導線の両端に電位差 V を加えるときの導線中の電場の強さ E であり，I/A は導線の断面の単位面積当りの電流で，(4.5) で定義した電流密度 j である．したがって，(4.14) からベクトルの式

$$\boldsymbol{E} = \rho \boldsymbol{j} \tag{4.15}$$

が導かれる．(4.13) で定義した電気伝導率 σ を使うと，(4.15) は

$$\boldsymbol{j} = \frac{1}{\rho} \boldsymbol{E} = \sigma \boldsymbol{E} \tag{4.16}$$

と表せる．

§4.4　電気抵抗率

電荷 $-e$，質量 m の自由電子は，熱振動している正イオンや不純物と衝突して散乱されると，電場の中で電気力 $-e\boldsymbol{E}$ の作用を受けて，加速度 $-e\boldsymbol{E}/m$ の加速度運動を行う．自由電子が熱振動している正イオンや不純物と衝突して乱雑に散乱された直後の速度には特定の方向を向く傾向は見られず，平均速度はゼロである．したがって，ある衝突から次の衝突までの平均時間を τ とすると，この間の平均速度 $-e\boldsymbol{E}\tau/m$ がドリフト速度である (演習問題 [18] 参照)．このドリフト速度を電流密度の式 (4.7) に代入すると，

$$\boldsymbol{j} = -en\boldsymbol{v} = -en\left(-\frac{e\boldsymbol{E}\tau}{m}\right) = \frac{ne^2\tau}{m}\boldsymbol{E} \tag{4.17}$$

となる．

(4.16) と (4.17) を比較すると，金属・合金の電気抵抗率は理論的に次のように表せることがわかる．

$$\rho = \frac{m}{ne^2\tau} \tag{4.18}$$

ここで，n，m，$-e$ はそれぞれ，物質中を移動できる自由電子の密度，質量，電荷である．τ は，ある自由電子が熱振動している正イオンや不純物と衝突してから次に衝突するまでの平均時間である．自由電子のドリフト速度は電子の乱雑な運動の速さに比べるとはるかに小さいので，衝突間隔 τ は電子の乱雑な運動によって決まり，電場の強さによって変化しない．したがって，(4.18) によって，金属・合金の電気抵抗率 ρ は電場の強さ E によらず一定であることになる．これが，金属でオームの法則が成り立つ理由である．

室温での電気抵抗率は，金属の場合 $\rho \sim 10^{-8}\,\Omega\cdot\mathrm{m}$ で，絶縁体の場合 $\rho = 10^7 \sim 10^{17}\,\Omega\cdot\mathrm{m}$ である．このように，金属と絶縁体では，電気抵抗率が 14 桁以上も違う．電気抵抗率が金属と絶縁体の中間の値 $\rho = 10^{-4} \sim 10^7\,\Omega\cdot\mathrm{m}$ を示す物質が**半導体**である．

金属の電気抵抗率が小さい理由は，自由電荷の電子の質量 m が小さいこと，および，自由電子密度 n が大きいことである．また，絶縁体の電気抵抗率が大きい理由は，自由電荷が存在しないので，$n = 0$ だからである．半導体には自由電子が存在するが，その密度は金属の場合に比べてはるかに小さい．半導体の場合，電流は自由電子のほかに正孔（ホール）（質量 m，電荷 e）によっても伝えられる．

表 4.1 にいくつかの金属や合金の電気抵抗率と温度係数を示す．金属・合金では，温度が高くなると正イオンの熱振動が激しくなり，自由電子と正イオンとの衝突が増加するので，(4.18) の衝突間隔 τ が減少する．したがって，温度が上昇すると金属の電気抵抗率は増加する．たとえば，電球のタングステンのフィラメントでは，電流が流れて温度が上昇し光を放射しているときには，室温のときよりも電気抵抗がはるかに大きくなる（表 4.1 参照）．

138   4. 電　流

表 4.1　金属・合金の電気抵抗率 (20 °C) とその温度係数

金　属	電気抵抗率 ρ [Ω·m]	温度係数* α
銀	1.62×10^{-8}	4.1×10^{-3}
銅	1.72×10^{-8}	4.3×10^{-3}
金	2.4×10^{-8}	4.0×10^{-3}
アルミニウム	2.75×10^{-8}	4.2×10^{-3}
タングステン	5.5×10^{-8}	5.3×10^{-3}
白　金	10.6×10^{-8}	3.9×10^{-3}
鉄 (鋼)	$(10 \sim 20) \times 10^{-8}$	$(1.5 \sim 5) \times 10^{-3}$
ニクロム (鉄を含む)	$(95 \sim 104) \times 10^{-8}$	$(0.3 \sim 0.5) \times 10^{-3}$

*　0 °C と 100 °C における電気抵抗率を ρ_0 と ρ_{100} として，電気抵抗率の温度係数を $\alpha = (\rho_{100} - \rho_0)/100\rho_0$ で定義した．

半導体では，温度が上昇すると自由電子密度 n が増加するので，電気抵抗率は温度とともに減少する．

(参考)　超伝導　　原子の世界の力学である量子力学によれば，正イオンが結晶格子上に静止して規則的に並んでいると，電子 (の波) がそれに衝突して進行方向が曲げられるということはない．したがって，結晶格子上に並んでいる正イオンの熱振動がなくなる絶対零度 (0 K) では，金属の電気抵抗はゼロになることが予想される．しかし実際には，多くの金属や合金，さらにはセラミックスなどでは，低温で電気抵抗がゼロになることが見出されている．これを**超伝導現象**という．超伝導現象はカマリング・オネスによって1911年に水銀で初めて発見された．彼は水銀を液体ヘリウムで冷やして電気抵抗を測定したところ，図 4.14(a) のように，電気抵抗が約 4.2 K で急に消失することを発見した．

　超伝導になる物質を超伝導体という．超伝導体で環を作り，超伝導状態にして環に電流を流すと，電気抵抗がゼロなので，電流は減衰することなく，いつまでも流れ続ける．これを永久電流という．

　オームの法則に従う常伝導状態から超伝導状態に変る温度を臨界温度という．金属や合金が超伝導状態になる機構は，バーディーン，クーパー，シュリーファーが提案した，「極低温では結晶振動を仲立ちにして，2個の電子がペアになって運動し，物質中を抵抗なしに通り抜けられる」という BCS 理論で説明される．

　1986年以降，一連の銅酸化物 (セラミックス) が超伝導状態になることが発見された (図 (c))．中には臨界温度が 100 K を超す物質がある．液体窒素の沸点である 77.3 K 以上の臨界温度をもつ物質は，安価な液体窒素冷却で超伝導になる．なお，セラミックス系の物質の超伝導は BCS 理論では説明できない．また，フラーレンとよばれる炭素原子60個が結びついている籠のような構造の分子の結晶も超伝導になることが発見されている．

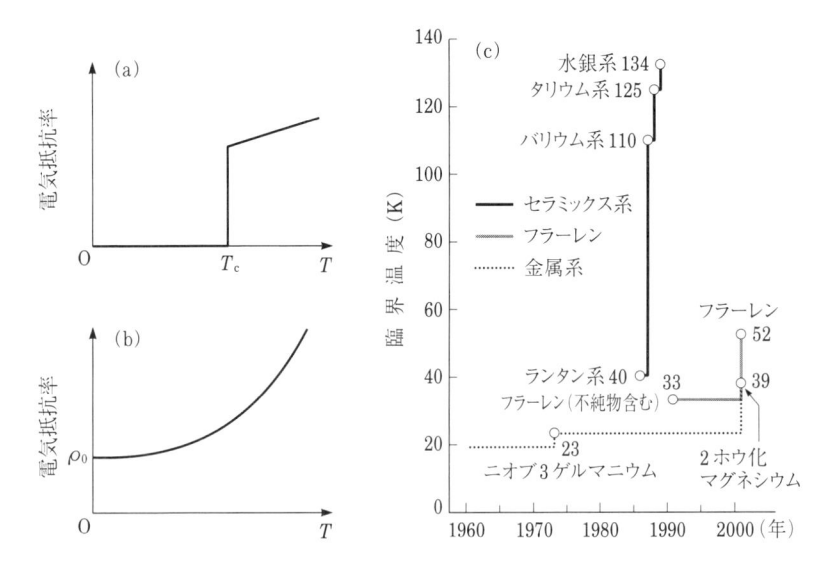

図 4.14 (a) 極低温での超伝導体の電気抵抗の温度変化の概念図 (T_c は臨界温度)
(b) 極低温での非超伝導体の電気抵抗の温度変化の概念図
Cu や Ag のように極低温で超伝導状態にならない金属の電気抵抗は，理論的には絶対零度で消失するはずであるが，不純物やイオン配列の乱れで，約10K以下ではほぼ一定になる．
(c) 超伝導臨界温度の上昇の歴史

§4.5 電流と仕事

電源の仕事率

電源を回路に接続すると電流が流れる．たとえば，電池を回路につなぐと電流が流れる．電池の中を正電荷が負極から正極へ移動するとき，電池の化学的エネルギーが電池の中で正電荷を負極から正極に押し上げる仕事になり，それが電荷の電気力による位置エネルギーになる．これは，ポンプで水を高い所の発電用貯水池にくみ上げると，くみ上げるときの仕事が水の重力による位置エネルギーになる事実に対応する．

正電荷 Q を起電力 V の電池の負極から正極まで電気力に逆らって移動さ

140　4. 電　流

せるときに，電源（電池）がする仕事は VQ である．回路に電流 I が流れるときには，時間 Δt には電荷 $\Delta Q = I\,\Delta t$ が移動するので，この時間 Δt に

$$\Delta W = V\,\Delta Q = VI\,\Delta t \tag{4.19}$$

の仕事が電源でなされる．したがって，このときの電源（電池）内での仕事率（単位時間当りになされる仕事）P は

$$P = \frac{\Delta W}{\Delta t} = VI \tag{4.20}$$

である．仕事率の国際単位は**ワット**である（記号 W）．

$$W = J/s = V \cdot A \tag{4.21}$$

電流の仕事率

　発電用貯水池の水門を開いて，パイプを通じて水を発電機の水車に流すと水車が回転し，貯水池での水の重力による位置エネルギーは，落下して水車に仕事をすることを通して電気エネルギーに変換される．これに対応して，電源に回路をつなぐと回路に電流が流れるが，回路で電流はいろいろなタイプの仕事をし，この仕事はいろいろな形のエネルギーになる．

　回路に起電力 V の電池をつないだとき，回路の中に電場が生じ，電場の電気力で電流 I が流れたとする．このとき時間 Δt の間に電荷 $\Delta Q = I\,\Delta t$ が，電池の正極から回路の中を通って電池の負極まで電位差 V の間を移動したので，導線中の電場は電荷 $\Delta Q = I\,\Delta t$ に仕事 $VI\,\Delta t$ をする．エネルギーの保存によって，この仕事が回路で電流の行う仕事になる．したがって，このとき電流が回路で行う仕事の仕事率 P は

$$P = VI \tag{4.22}$$

である．これを**パワー**あるいは**電力**という．パワーの国際単位はいうまでもなく，ワット（記号 W）である．(4.20) と (4.22) が同じなのは，電源に起電力を生じさせる過程の仕事率 (4.20) が電流が回路で行う仕事の仕事率 (4.22) に等しいという，エネルギー保存則を意味している．

§4.5 電流と仕事　141

ジュール熱

　電気抵抗のある導体に電流を流すと，導体の温度が上昇する．電熱器や白熱電球はこの性質を利用している．

　石が空中を落下する場合に石は加速されるが，空気抵抗を無視できれば，石が高い所にある場合にもつ重力による位置エネルギーのすべては落下につれて運動エネルギーに変る．しかし，雨滴が落下する場合には，雨滴は空気抵抗のために等速で落下し，雨滴が高い所でもつ重力による位置エネルギーは落下につれて空気抵抗で生じる熱になる．

　電池を導線の両端につなぐ場合，電池のする仕事は導線中での電子の加速に使われるのではない．定常電流が流れている導線中では，自由電子は熱振動している正イオンや不純物と衝突をくり返しながら一定の平均速度で運動している．つまり，空気中での石の自由落下ではなく，雨滴の落下に対応する運動を行う．したがって，電池の化学的エネルギーは，自由電子と熱振動している正イオンとの衝突によって，金属結晶の熱振動の運動エネルギーに転化して，導線の中で熱になる．

　抵抗 R の導線に起電力 V の電源を接続して，回路に電流 I が流れる場合を考えよう．オームの法則によって $V = RI$ という関係がある．導線の中で単位時間当りに発生する熱量 Q は，電流の仕事率 $P = VI$ に等しいので ((4.22) 参照)，

$$Q = VI = RI^2 = \frac{V^2}{R} \qquad (4.23)$$

などと表せる．(4.23) の Q の単位はワット ($\mathrm{W} = \mathrm{J/s}$) である．

　電流から発生する熱量が電流の2乗に比例することを実験的に最初に発見したのは英国のジュールだったので，この電流から発生する熱を**ジュール熱**とよぶ．時間 t に発生するジュール熱 Qt は

$$Qt = VIt = RI^2 t = \frac{V^2 t}{R} \qquad (4.24)$$

である．（熱の単位にカロリー（cal）を使うときには，1 cal ≒ 4.2 J であることに注意．）

　100 V の電源にニクロム線を使用した電熱器やタングステンフィラメントをもつ電球を接続したとき，より多くのジュール熱を発生するものは，抵抗 R の小さなものであることが (4.23) の $Q = V^2/R$ という式からわかる．したがって，家庭用の 100 W の電球と 40 W の電球の抵抗を比べると，100 W の電球の抵抗は 40 W の電球の抵抗の 1/2.5 である．

　電熱器や電球を電源に接続するときには抵抗の小さな銅の導線を利用している．電熱器や電球の中と導線の中には同じ大きさの電流が流れているので，抵抗の小さな導線中に発生するジュール熱は抵抗の大きな電熱器や電球の中で発生する熱より少ないことが (4.23) の $Q = RI^2$ という式からわかる．したがって，40 W の電球と 100 W の電球を直列に接続し，2 つの電球を同じ大きさの電流が流れるようにすると，抵抗の大きい 40 W の電球の方が抵抗の小さい 100 W の電球より明るくなる．

　電流の仕事率を**電力**（あるいはパワー），電流のする仕事を**電力量**という．電力量の単位としては，1 kW の電力が 1 時間にする仕事の 1 **キロワット時**（記号 kW·h）を使うことが多く

$$1 \,\text{kW·h} = 1000 \,\text{W} \times 3600 \,\text{s} = 3.6 \times 10^6 \,\text{J} \quad (4.25)$$

である．ちなみに，日本の年間総発電量は約 1 兆 kWh である．

　なお，家庭で使用する電力は直流ではなく交流を利用しているが，I, V として電流の実効値と電圧の実効値を使えば (4.9), (4.23) は成り立つ．家庭に供給されている電力の電圧の実効値は 100 V である．

§4.6　抵抗の接続

　2 つ以上の抵抗を接続して，それを 1 つの抵抗と見なすとき，その抵抗を合成抵抗という．まず，2 つの抵抗の接続を考える．2 つの抵抗の接続には直列接続と並列接続がある．

抵抗の直列接続

いくつかの抵抗を一列に連ねて接続する方法を直列接続という．図 4.15 からわかるように，2 つの抵抗には共通の電流 I が流れている．各抵抗での電圧降下は $V_1 = R_1 I$, $V_2 = R_2 I$ なので，2 つの抵抗による電圧降下は

$$V = V_1 + V_2 = R_1 I + R_2 I$$
$$= (R_1 + R_2) I \qquad (4.26)$$

になる．2 つの抵抗を 1 つの抵抗と見なし，(4.26) を $V = RI$ と記せば，2 つの抵抗を直列接続したものの合成抵抗 R は

$$R = R_1 + R_2 \qquad (4.27)$$

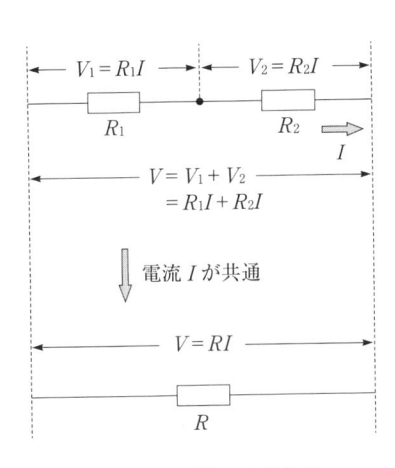

図 4.15 抵抗の直列接続

になる．直列接続での合成抵抗は各抵抗の和なので，どちらの抵抗の値よりも大きい．各抵抗での電圧降下はそれぞれの抵抗に比例し，$R_1 I$, $R_2 I$ である．

3 つ以上の抵抗 R_1, R_2, R_3, $\cdots$ を直列接続したときの合成抵抗 R は

$$R = R_1 + R_2 + R_3 + \cdots \qquad (4.28)$$

である．直列接続では，どの 1 つの抵抗が作動しなくなっても電流が流れなくなる．

抵抗の並列接続

いくつかの抵抗を並べ，それぞれの両端をまとめて接続する方法を並列接続という．図 4.16 からわかるように，2 つの抵抗には共通の電圧 V がかかるので，各抵抗を流れる電流は

$$I_1 = \frac{V}{R_1}, \qquad I_2 = \frac{V}{R_2} \tag{4.29}$$

であり,全電流 I は各抵抗を流れる電流の和なので,

$$I = I_1 + I_2 = \frac{V}{R_1} + \frac{V}{R_2}$$
$$= \left(\frac{1}{R_1} + \frac{1}{R_2}\right)V \tag{4.30}$$

である.2つの抵抗を1つの抵抗と見なし,(4.30) を $I = V/R$ と記せば,2つの抵抗を並列接続したものの合成抵抗 R は

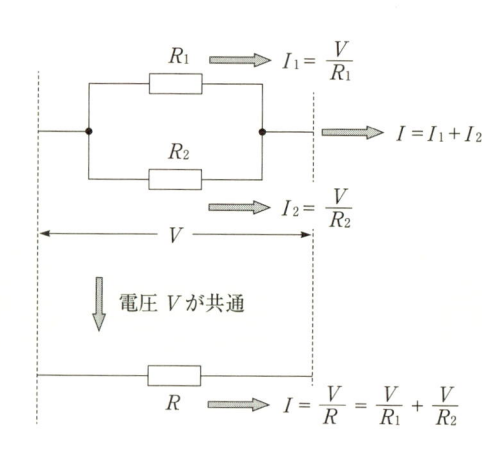

図 4.16 抵抗の並列接続

$$\frac{1}{R} = \frac{1}{R_1} + \frac{1}{R_2}, \qquad R = \frac{R_1 R_2}{R_1 + R_2} \tag{4.31}$$

になる.並列接続での合成抵抗は2つの抵抗のどちらよりも小さくなる.

3つ以上の抵抗 $R_1, R_2, R_3, \cdots$ を並列接続したときの合成抵抗 R は

$$\frac{1}{R} = \frac{1}{R_1} + \frac{1}{R_2} + \frac{1}{R_3} + \cdots \tag{4.32}$$

である.

並列接続ではどの抵抗が作動しなくなっても,他の抵抗には同じ電流が流れ続ける.各抵抗を流れる電流は他の抵抗の有無に無関係であり,各抵抗を流れる電流は抵抗の大きさに反比例する.

家庭で電気製品を利用するために,電気製品のコードのプラグを壁のコンセントに差し込むが,これは並列接続である.あまり多くの電気製品を同時に使用すると,屋外からの引込み線や屋内の配線を流れる電流が大きくなり

過ぎて危険なので，限度以上の電流が流れると，電気製品と直列に入っているブレーカーが切れて電流が流れなくなるようにしてある．

[**例題 4.1**]　図 4.17 の回路で電源に流れる電流 I を求めよ．

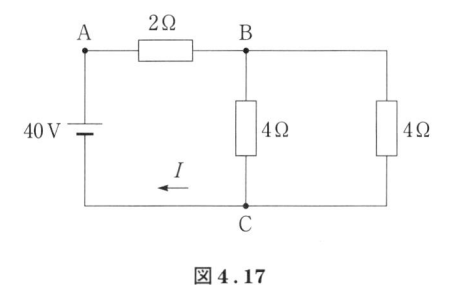

図 4.17

[**解**]　BC 間の合成抵抗 R_{BC} は

$$\frac{1}{R_{BC}} = \frac{1}{4\,\Omega} + \frac{1}{4\,\Omega}$$

$$R_{BC} = \frac{4\,\Omega \times 4\,\Omega}{4\,\Omega + 4\,\Omega} = 2\,\Omega$$

なので，

$$R_{AC} = R_{AB} + R_{BC} = 2\,\Omega + 2\,\Omega = 4\,\Omega$$

$$\therefore\ I = \frac{40\,\text{V}}{4\,\Omega} = 10\,\text{A}$$

[**問 1**]　図 4.18 の回路で電源に流れる電流 I を求めよ．

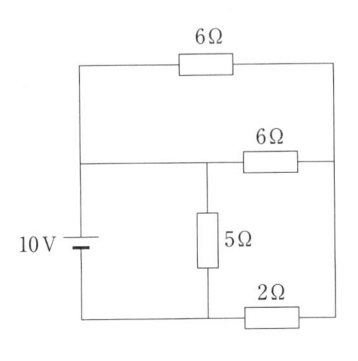

図 4.18

146 4. 電 流

§4.7 直流回路

電流の流れる通り路を**回路**という．電流がひと周りする通路という意味である．回路には，エネルギーを供給する電源と，電気エネルギーを光，熱，音，化学的エネルギー，仕事などに変換する電球，電熱器 (抵抗)，スピーカー，電解質溶液，モーターなどが含まれている．電磁気学では，回路を導線で抵抗器，キャパシター，コイル，ダイオード，トランジスター，電源などを接続したものと見なし，抵抗器，キャパシター，コイル，ダイオード，トランジスターなどを回路素子という．

電流が流れている電気回路は，いろいろな形のエネルギーを別の形のエネルギーに変える装置であるとともに，エネルギーを別の場所に運ぶ装置でもある．電源は回路にエネルギーを供給する装置である．

直流回路

時間的に変化しない電流を**定常電流**という．回路に定常電流を流すには，抵抗器を接続した回路に起電力が一定な電源を挿入する必要がある．定常電流が流れている回路を**直流回路**という．

キルヒホッフの法則

複雑な直流回路に流れる電流を求めるには，キルヒホッフの2つの法則を用いればよい．図 4.19 の回路に流れる電流を決める問題を例にとって説明しよう．まず，回路の各部分を流れる電流の向きを適当に仮定し，I_1, I_2, I_3 という記号を付けていく．仮定した電流の向きが実際の向きと逆ならば計算結果がマイナスの量になるので，最後に逆向きにすればよく，心配する必要はない．

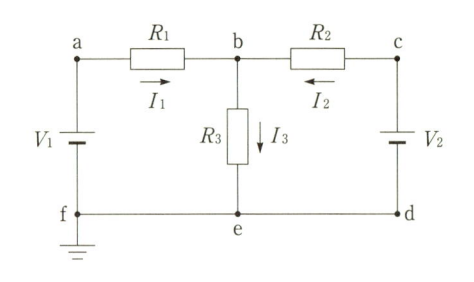

図 4.19

第1法則　第1法則は電荷の保存則から導かれる法則である．この法則は次のように表される．

> 回路の中の任意の接続点に流れ込む電流の和は，その点から流れ出す電流の和に等しい．

たとえば，図 4.19 の接続点 b では，流れ込む電流が I_1 と I_2 で，流れ出す電流が I_3 なので，

$$I_1 + I_2 = I_3 \tag{4.33}$$

となる．接続点に電荷がたまることはないので，この第1法則は「接続点に流れ込む電荷とそこから流れ出す電荷は等しい」という電荷保存則から導かれる．

この法則は，「回路の中の任意の接続点に流れ込む電流を正，流れ出す電流を負の量で表すと，それらの総和は常にゼロである」と表すこともできる．たとえば，図 4.19 の接続点 b では，

$$I_1 + I_2 + (-I_3) = 0 \tag{4.34}$$

となり，(4.33) と同等な式が導かれる．

［問 2］　図 4.20 の電流 I は何 A か．

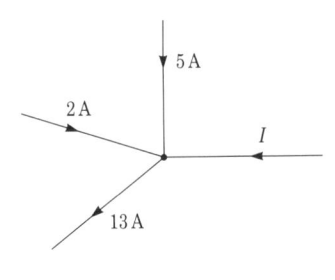

図 4.20

第2法則　第1法則は電荷の保存則に対応するが，第2法則はエネルギーの保存則に対応する．回路の任意の1つの閉じた道筋を選び，向きを決

める．たとえば，図4.19の回路で，f→a→b→c→d→e→fという閉じた道筋を考える．始点fと終点fは同じ点なので，電位は等しい．したがって，この道筋の各部分での電位の変化，V_a-V_f, V_b-V_a, V_c-V_b, V_d-V_c, V_f-V_dの和はゼロである．電源と抵抗での電位の変化の規則を図4.21に示す．この規則を使うと，第2法則は次のように表せる．

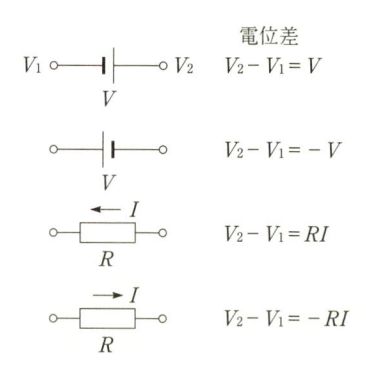

図4.21 2点間の電位差 V_2-V_1

> 任意の閉じた道筋にそって1周するとき，電源および抵抗による電位の上昇を正，電位の降下を負の量で表すと，電位差の総和は常にゼロになる．

たとえば，図4.19でfabcdefという閉じた道筋に沿っての電位の変化を調べる．faでは電池による電圧の上昇 V_1 があり，abでは抵抗による電位の降下 R_1I_1 がある．bcでは電流が逆向きに流れているから，点cの電位は点bの電位より R_2I_2 だけ高い．cdには逆向きの起電力 V_2 をもつ電池があ

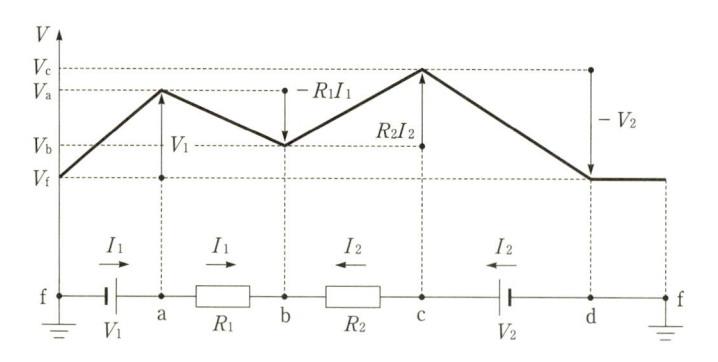

図4.22

るから，点 d の電位は点 c の電位より V_2 だけ低い．1 周して最初の点 f に
もどれば，電位はもとの値にもどる（図 4.22）．したがって，

$$V_1 - R_1I_1 + R_2I_2 - V_2 = 0 \tag{4.35}$$

となる．キルヒホッフの第 2 法則を

> 道筋をたどる向きの電流と起電力を正の量とし，たどる方向
> と逆向きの電流と起電力を負の量で表すと，回路の中の起電力
> の和は各抵抗での「抵抗」×「電流」の和に等しい

と表してもよい．こう表すと，(4.35) は

$$V_1 + (-V_2) = R_1I_1 + R_2(-I_2), \quad \therefore \quad V_1 - V_2 = R_1I_1 - R_2I_2 \tag{4.36}$$

となる．

　第 1 法則と第 2 法則を使えば，回路の各部分を流れる電流を決めることができる．まず第 1 法則を使って，式の数だけ電流を消去する．次に，残った電流の数と同じ数の閉じた道筋に第 2 法則を適用して，残った電流に対する連立 1 次方程式を導き，これを解き，その結果を第 1 法則から導かれた電流の関係式に代入すると電流が求められる．結果がマイナスの量になる場合には，電流の向きが仮定した向きと逆であることを意味する．

　図 4.19 の 2 つの道筋 fabef と dcbed に第 2 法則を適用すると，2 つの方程式

$$V_1 = R_1I_1 + R_3I_3, \qquad V_2 = R_2I_2 + R_3I_3 \tag{4.37}$$

が得られる．

　(4.33) の $I_1 + I_2 = I_3$ を使って I_3 を消去すると，(4.37) は

$$V_1 = (R_1 + R_3)I_1 + R_3I_2, \qquad V_2 = R_3I_1 + (R_2 + R_3)I_2 \tag{4.38}$$

となるので，これを解いて I_1, I_2 を求めると，

$$I_1 = \frac{(R_2 + R_3)V_1 - R_3V_2}{R_1R_2 + R_2R_3 + R_3R_1} \tag{4.39 a}$$

$$I_2 = \frac{-R_3 V_1 + (R_1 + R_3) V_2}{R_1 R_2 + R_2 R_3 + R_3 R_1} \tag{4.39b}$$

が得られるので，これを $I_1 + I_2 = I_3$ に代入すると，

$$I_3 = \frac{R_2 V_1 + R_1 V_2}{R_1 R_2 + R_2 R_3 + R_3 R_1} \tag{4.39c}$$

が得られる．

第2法則はエネルギー保存則とどのように結びついているのだろうか．図 4.10 に示した一番簡単な回路を考えてみよう．この場合，第2法則は

$$V = RI \tag{4.40}$$

となる．これはもちろんオームの法則そのものである．この式の両辺に電流 I を掛けると，

$$VI = RI^2 \tag{4.41}$$

となる．この式の左辺は電源のした仕事の仕事率を表し，右辺はこの仕事がジュール熱に等しいことを表している．すなわち，外部から回路に入れたエネルギーがすべて熱として発生したというエネルギー保存則を満たす関係になっている．複雑な回路の場合も同じようにして，第2法則からエネルギー保存則が導かれる．

[問3] 図 4.23 で中央の 5Ω の抵抗の両端の電位差はいくらか．

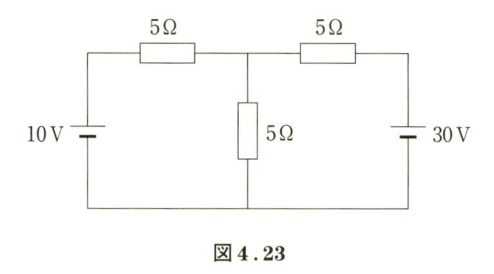

図 4.23

[問4] 図 4.24 の 40 V の電池を流れる電流を求めよ．

図 4.24

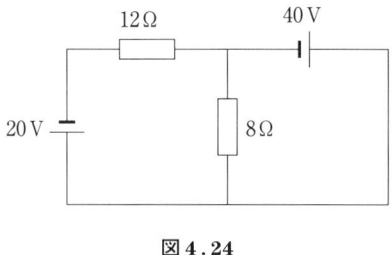

§4.8 CR 回路

フラッシュ付きの使い捨てカメラでフラッシュを利用するときは，フラッシュボタンをある時間の間押し続けると，撮影可能という合図の信号が出る．この作業は，カメラに内蔵されているキャパシターと電池を結ぶスイッチを入れて充電するという作業である．そこでシャッターを押すと，キャパシターの極板の電荷がフラッシュ用電球（実際には放電管）を通じて短時間に放電され，キャパシターに蓄えられていた電気エネルギーが電球を通過する際に光のエネルギーになって放射される．この充電過程はキャパシター C と抵抗 R を接続した CR 回路の応用である．

回路にキャパシターが入っている場合も，キルヒホッフの第1法則はそのまま成り立つ．第2法則には，閉回路に含まれるキャパシター（電気容量 C）の極板間での電圧降下 Q/C の項をとり入れなければならない（次の例題および図 4.25 を参照）．

(a) $V_2 - V_1 = -\dfrac{Q}{C}$, $\Delta Q = I \Delta t$ (b) $V_2 - V_1 = \dfrac{Q}{C}$, $\Delta Q = -I \Delta t$

図 4.25　2 点間の電位差　$V_2 - V_1$

152 4. 電　流

[例題 4.2]　図 4.26(a) のように，起電力 V の電池，電気容量 C のキャパシター，電気抵抗 R_1 と R_2 の抵抗器とスイッチ S から成る回路がある．

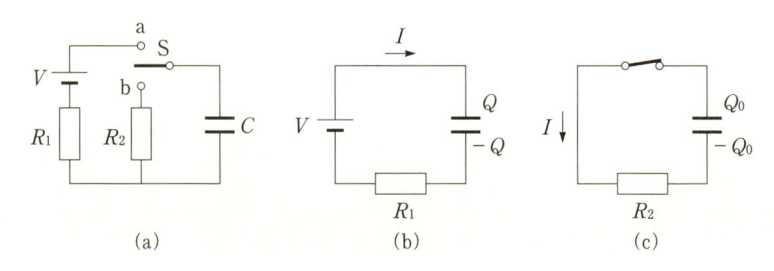

図 4.26　CR 回路

（1）スイッチ S を a に入れて，キャパシターを充電するとき（図 (b)），次の関係

$$V = R_1 I + \frac{Q}{C} \tag{4.42}$$

が成り立つことを示せ．電流と電荷の関係 $\Delta Q = I\,\Delta t$ から導かれる関係

$$I = \frac{dQ}{dt} \tag{4.43}$$

を (4.42) に代入して得られる微分方程式

$$\frac{dQ}{dt} + \frac{1}{CR_1}Q = \frac{V}{R_1} \tag{4.44}$$

を解いて，スイッチを入れてから時間 t が経過した後の電流 $I(t)$ とキャパシターの極板に蓄えられる電荷 $Q(t)$ は

$$I(t) = \frac{V}{R_1} e^{-t/CR_1} \tag{4.45}$$

$$Q(t) = CV\left(1 - e^{-t/CR_1}\right) \tag{4.46}$$

であることを示せ．

（2）次に図 (a) のスイッチを a から b に切り替え，図 (c) のように，電気容量 C のキャパシターの極板に蓄えられている電荷 Q_0, $-Q_0$ ($Q_0 =$

CV) を電気抵抗 R_2 の抵抗器を通じて放電する．スイッチを切り替えてから時間 t が経過した後の極板上の電荷 $Q(t)$ と回路を流れる電流 $I(t)$ の従う方程式は，

$$R_2 I = \frac{Q}{C}, \qquad \frac{dQ}{dt} = -I \tag{4.47}$$

となるが，それらから導かれる微分方程式は

$$\frac{dQ}{dt} = -\frac{1}{CR_2} Q \tag{4.48}$$

であり，その解は

$$Q(t) = Q_0 e^{-t/CR_2} \tag{4.49}$$

$$I(t) = \frac{Q_0}{CR_2} e^{-t/CR_2} \tag{4.50}$$

であることを示せ．

[**解**] （1） 電池の起電力 V は電気抵抗 R_1 での電位降下 $R_1 I$ とキャパシターの極板間の電位降下（電位差）Q/C の和に等しいので，(4.42) が導かれる．

微分方程式 (4.44) の一般解は，$V = 0$ とした斉次微分方程式の一般解

$$Q(t) = c e^{-t/CR_1} \tag{4.51}$$

と (4.44) の特殊解 $Q(t) = CV$ の和

$$Q(t) = c e^{-t/CR_1} + CV \qquad (c \text{ は任意定数}) \tag{4.52}$$

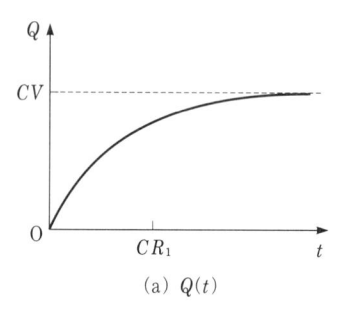

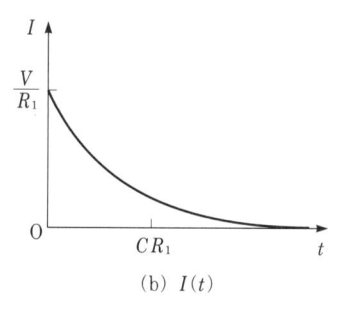

(a) $Q(t)$ (b) $I(t)$

図 **4.27**

である．$t=0$ で $Q=0$，つまり，$c+CV=0$ なので，$c=-CV$ を (4.52) に代入すると，

$$Q(t) = CV(1 - e^{-t/CR_1}) \tag{4.53}$$

が導かれる（図 4.27(a)）．これを t で微分して，(4.43) を使うと，

$$I(t) = \frac{V}{R_1} e^{-t/CR_1} \tag{4.54}$$

が導かれる（図 (b)）．

（2） この場合には，電気抵抗 R_2 での電位降下 $R_2 I$ とキャパシターの極板間の電位降下 Q/C が等しく（$R_2 I = Q/C$），極板上の電荷 Q と電流 I の関係は $dQ/dt = -I$ なので，極板上の電荷 $Q(t)$ の従う微分方程式は (4.48) である．この方程式の一般解は，すでに示したように，

$$Q(t) = ce^{-t/CR_2} \tag{4.55}$$

である．$t=0$ で $Q=Q_0$ なので，任意定数 c は $c=Q_0$ であり，

$$Q(t) = Q_0 e^{-t/CR_2} \tag{4.56}$$

となる（図 4.28(a)）．この式を t で微分して，$dQ/dt = -I$ を使うと，

$$I(t) = -\frac{dQ}{dt}$$

$$= \frac{Q_0}{CR_2} e^{-t/CR_2} \tag{4.57}$$

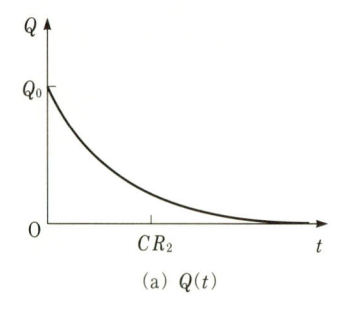

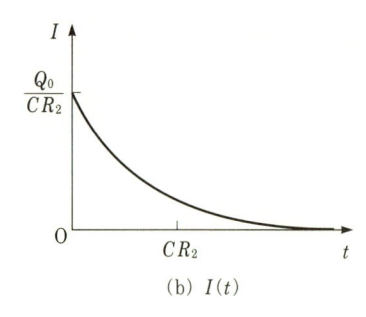

(a) $Q(t)$ (b) $I(t)$

図 4.28

が得られる（図 (b)）．CR_1 と CR_2 はこれらの過渡的な現象が継続する時間の目安を表す時間であり，これらの現象の**時定数**という．

[**問5**] 図 4.29 のキャパシターの 2 枚の極板の電位差はいくらか．

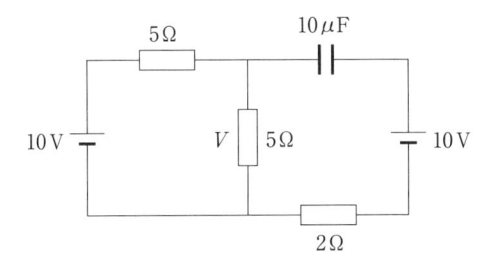

図 4.29

================= 演 習 問 題 =================

[1] 断面積 $2.0\,\mathrm{mm}^2$ の銅線 $10\,\mathrm{m}$ の $20°\mathrm{C}$ での電気抵抗を求めよ．

[2] 直方体のカーボンがある．大きさは $1\,\mathrm{cm} \times 1\,\mathrm{cm} \times 25\,\mathrm{cm}$ である．カーボンの電気抵抗率を $3 \times 10^{-5}\,\Omega\cdot\mathrm{m}$ として，2 つの正方形の面の間の電気抵抗を計算せよ．

[3] 電気の良導体が熱の良導体でもある理由を説明せよ．

[4] 図の回路は電位差計とよばれる装置で，AB は太さが一様で均質な抵抗線である．スイッチ S を 1 の側に入れて接触点 C を移動させたところ，AC の長さが L_1 のとき検流計 G の振れがゼロになった．スイッチを 2 の側に入れて同様の操作をすると，AC の長さが L_2 のとき G の振れがゼロにな

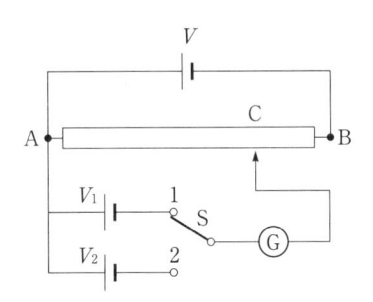

った．2個の電池の起電力 V_1, V_2 の間に $V_1 : V_2 = L_1 : L_2$ の関係があることを示せ．

[5] $100\,\Omega$ の抵抗4本を図のように接続する．このとき，AB間，AC間の合成抵抗を求めよ．

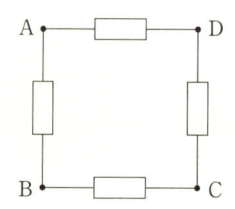

[6] 立方体のすべての辺が電気抵抗 R のニクロム線でできているとき，図の点 A から B までの電気抵抗 R_{AB} はいくらか．また，この電気抵抗 R を電気容量 C のキャパシターで置き換えた場合の合成容量 C_{AB} はいくらか．

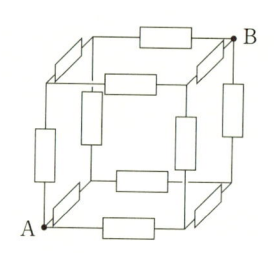

[7] 図の合成抵抗を求めよ．

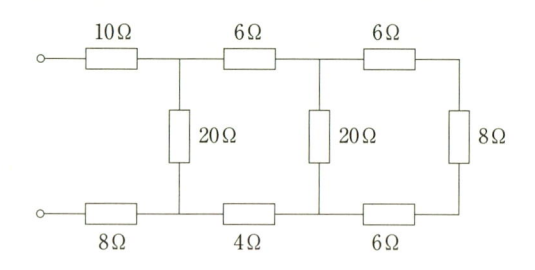

演習問題　157

[8] 図の回路で，端子A，Cを10V の電源に接続した．次の値を求めよ．
(1) AC間の合成抵抗 R_{AC}
(2) AB間に流れる電流 I と点A, Bの電位差 V_{AB}
(3) $2.0\,\Omega$ の抵抗に流れる電流 I_1，および $3.0\,\Omega$ の抵抗を流れる電流 I_2

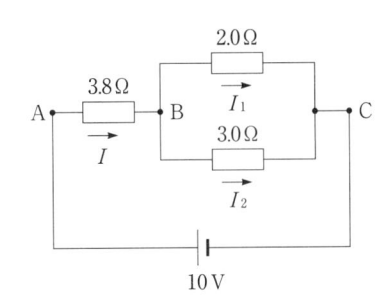

[9] 100V用の100Wの電球の抵抗は $100\,\Omega$ だと予想されるが，室温で電球の抵抗を測定したら $100\,\Omega$ 以下であった．その理由を説明せよ．

[10] 100Vの電源から $0.10\,\Omega$ の導線で，100Wの電球と400Wの電熱器を並列につないだものに配線する．導線における電圧降下を求めよ．

[11] 100Wの電球と60Wの電球ではどちらの方の抵抗が大きいか．フィラメントの長さが同じだとすると，どちらの方のフィラメントが太いか．

[12] 図の回路で，すべての電球の抵抗は $2\,\Omega$ で，電源の起電力は6Vである．電球3の消費電力を増加させるのは，次のどれか．
(a) 電球3の抵抗を減少させる．
(b) 電球3の抵抗を増加させる．
(c) 電源の起電力を減少させる．
(d) もう1つの抵抗をCに入れる．

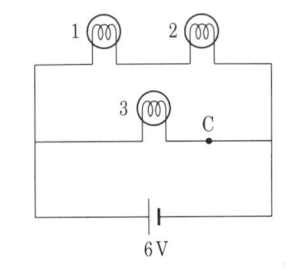

[13] 可動コイル型検流計は，その針の振れがコイルを流れる電流に比例するような装置である．コイルを流れる電流が1mAのとき針の振れが最大になるものとし，コイルの電気抵抗を $1.0\,\Omega$ とする．

(1) この検流計に並列に電気抵抗 R_P を接続して**電流計**を作りたい（図(a)）．装置の A → B を流れる電流が10A, 1A, 0.1A のそれぞれの場合について，針の振れが最大になるようにするための R_P の値を求めよ．なお，回路素子（負荷）の電流の変化を最小にするために，電流計の電気抵抗は素子の電気抵抗に比べて

158   4. 電　流

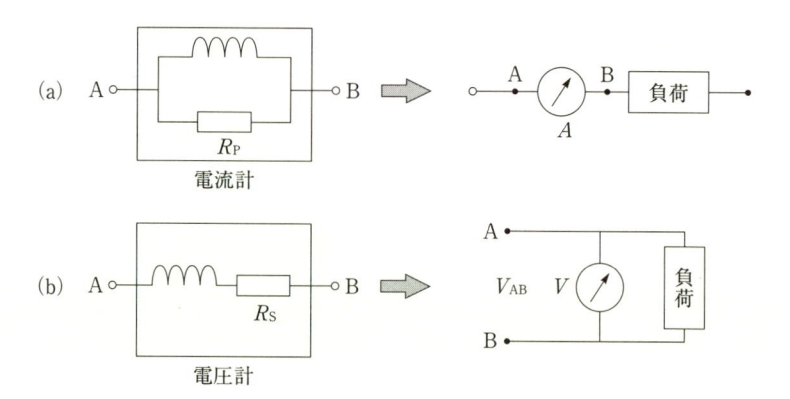

(a) 電流計

(b) 電圧計

はるかに小さくせねばならない．

（2）図(b)のように，大きな電気抵抗 R_S を検流計に直列に挿入すると**電圧計**になる．$V_{AB} = 10^3$ V，100 V，10 V のそれぞれの場合について，針の振れが最大になるようにするための R_S の値を求めよ．なお，回路素子（負荷）の電流の変化を大きくしないために，電圧計の電気抵抗は素子の電気抵抗に比べてはるかに大きくせねばならない．

[14] **ホイートストーン・ブリッジ**
抵抗値のわかっていない抵抗 R の値を求めるのに，抵抗値のわかっている抵抗 R_1 と R_2，可変抵抗 R_3，電池 V と検流計 G，スイッチ S を図のように接続した回路を用いる．ここで，スイッチ S を閉じても検流計の針が振れないように R_3 の値を調整する．未知の抵抗 R の抵抗値は

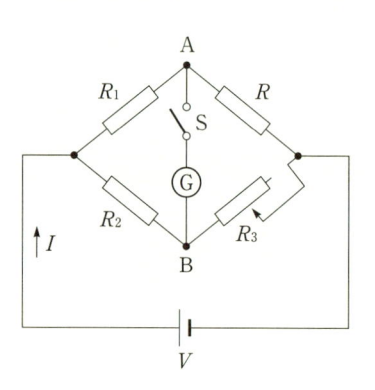

$$R = \frac{R_1 R_3}{R_2}$$

であることを示せ．この回路をホイートストーン・ブリッジという．

[15] 図において，点 F を基準として，点 A, B, C, D, E の電位を求めよ．

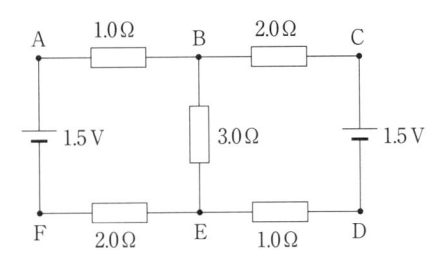

[16] ドライヤーを 100 V の電力線につなぐと 8 A の電流が流れる．
（1） どのくらいの電力が使われるか．
（2） 1 g の水を蒸発させるために 2600 J が必要だとすると，0.4 kg の水を含んだ湿った洗濯物を乾燥させるのにどのくらいの時間がかかるか．

[17] 図の 4 つの電球の明るさの順序を求めよ．簡単のため，電球の抵抗の温度変化はないものとせよ．

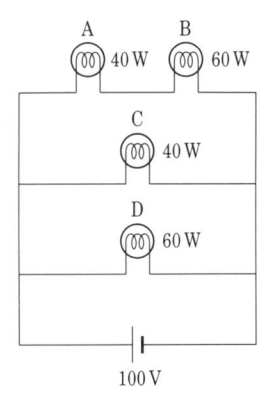

[18] 導線中の自由電子が熱振動している正イオンと衝突して，t 秒後に次の衝突をせずに走り続けている確率は指数分布に従うので，$P(t) = e^{-t/\tau}$ とおく．時刻 t と $t + dt$ の間に衝突する確率は $-(dP/dt)\,dt = P(t)\,dt/\tau$ なので，2 回の衝

160   4. 電　流

突の間の平均時間は

$$\int_0^\infty \frac{te^{-t/\tau}\,dt}{\tau} = \tau$$

である．τ は衝突間の平均時間である．自由電子が 2 回の衝突の間に走る平均距離が $eE\tau^2/m$ で，ドリフト速度が $\boldsymbol{v} = -e\boldsymbol{E}\tau/m$ であることを示せ．

[**19**] （1） 地球は負に帯電しているために，地表付近には下向きに約 100 V/m の電場ができている．地表での空気の電気抵抗率は約 $3 \times 10^{13}\,\Omega\cdot\text{m}$ である．大気電場によって地球に下向きに流れ込む電流密度は $j = 3 \times 10^{-12}\,\text{A/m}^2$，地球全体に流れ込む電流は全部で 1500 A であることを示せ．なお，宇宙線によって大気の分子がイオン化されるので，大気の電気抵抗率は高さとともに減少し，50 km の高さでは 1/400 になる．

（2） 大気電場（$E = 100$ V/m）によって地球の表面に誘導される電荷密度 σ は $\sigma = -10^{-9}\,\text{C/m}^2$ であり，したがって，地球の表面全体の電荷は -500000 C であることを示せ．

なお，このままでは地球のもつ電荷は約 5 分で消えてしまうが，負電荷を供給して地球を帯電させているものは落雷である（図参照）．

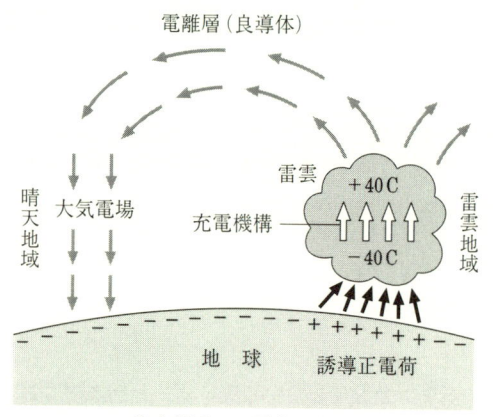

地表付近での電荷の移動

[20] 図 4.26(a) の回路で，$V = 200\,\mathrm{V}$，$R_1 = 10\,\mathrm{k\Omega}$，$R_2 = 100\,\Omega$，$C = 100\,\mu\mathrm{F}$ とする．キャパシターが帯電していない状態で，スイッチ S を a に接続し，2 秒後にスイッチを b に接続した．キャパシターの極板間の電位差の時間変化を導け．

[21] キャパシターをメモリーに使うコンピューターでは，演算速度を速くするためにキャパシターの充電時間と放電時間を短くする必要がある．時定数 CR をどのくらいまで短くできるかを考えよ．

5 静電場の微分形の法則

電磁気学の学習の第1歩は，まず簡単な電磁気現象に対する法則を理解することである．次の段階は，一般の場合の電磁気現象に対する法則を理解することであり，さらには，複雑な電磁気現象を定量的に理解することである．

力学では，エネルギー保存則と運動量保存則だけを使って解ける1次元の弾性衝突のような簡単な問題もあったが，複雑な現象を定量的に理解するには微分方程式であるニュートンの運動方程式を解かねばならなかった．電磁気学でも，複雑な電磁気現象を定量的に理解するには，微分表示の法則から導かれる偏微分方程式を解かねばならない．

この章では，これまで導いた積分形の静電場の法則を復習した後で，静電場の法則の微分表示を導き，応用問題を解く．

§5.1 静電場の法則のまとめ

静止している電荷の関与する電気現象の理解の出発点はクーロンの法則であるが，電場を導入してこの法則を次のように理解する．

静止している電荷はその周囲に静電場とよばれる電場を作る．点 $r_1 = (x_1, y_1, z_1)$ にある点電荷 Q_1 が点 $r = (x, y, z)$ に作る静電場 $E(r)$ は

$$E(r) = \frac{Q_1}{4\pi\varepsilon_0} \frac{r - r_1}{[(x-x_1)^2 + (y-y_1)^2 + (z-z_1)^2]^{3/2}} \quad (5.1)$$

である．電荷が連続的に分布している場合には，電荷密度を $\rho(x, y, z)$ と

すると，点 $r = (x, y, z)$ での静電場 $E(r)$ は，

$$E(r) = \frac{1}{4\pi\varepsilon_0} \int dx' \int dy' \int dz' \frac{\rho(x', y', z')(r - r')}{[(x - x')^2 + (y - y')^2 + (z - z')^2]^{3/2}}$$

(5.2)

である．

点 r にある点電荷 Q には電気力

$$F = Q\,E(r) \tag{5.3}$$

が作用する．

静電気現象の範囲では電場は数学的な便宜上のものと考えられるが，一般の場合には，電場はエネルギーや運動量を運ぶ物理的に実在するものである．

静電場は次の2つの重要な性質をもつ．

(1) 電場のガウスの法則

「閉曲面 S の内部から外へ出てくる電気力線束 Φ_E」

$$= \frac{\text{「閉曲面 S で囲まれた領域 V の全電気量 } Q_{\text{in}}\text{」}}{\varepsilon_0}$$

$$\iint_S E_n \, dA = \frac{1}{\varepsilon_0} \iiint_V dv\, \rho(r) \quad (dv\text{ は微小体積要素})$$

(5.4)

ここで，次の関係を使った．

$$Q_{\text{in}} = \iiint_V dv\, \rho(r) \tag{5.5}$$

(2) 電位 $V(r)$ の存在

静電場 $E(r)$ の任意の閉曲線 C に沿っての接線方向成分の1周積分は

$$\oint_C E \cdot ds = 0 \tag{5.6}$$

という関係を満たす．その結果，静電場には電位 $V(r)$ が存在する．

5. 静電場の微分形の法則

$$V(\bm{r}) = -\int_{\bm{r}_0}^{\bm{r}} \bm{E} \cdot d\bm{s} \quad (\bm{r}_0 \text{は電位を測る基準点}) \tag{5.7}$$

基準点として無限に遠い点を選ぶと，電場 (5.1)，(5.2) に対する電位は

$$V(\bm{r}) = \frac{Q}{4\pi\varepsilon_0[(x-x')^2+(y-y')^2+(z-z')^2]^{1/2}} \tag{5.8}$$

$$V(\bm{r}) = \frac{1}{4\pi\varepsilon_0}\int dx' \int dy' \int dz' \frac{\rho(x',y',z')}{[(x-x')^2+(y-y')^2+(z-z')^2]^{1/2}} \tag{5.9}$$

である．逆に，電場 $\bm{E}(\bm{r})$ は電位 $V(\bm{r})$ から次の偏微分で導かれる．

$$\bm{E}(\bm{r}) = -\nabla V(\bm{r}) = -\left(\frac{\partial V}{\partial x}, \frac{\partial V}{\partial y}, \frac{\partial V}{\partial z}\right) \tag{5.10}$$

§5.2 ガウスの発散定理と電場のガウスの法則の微分形

ベクトル場の発散とガウスの発散定理

ベクトル場に対して発散というスカラー場を定義できる．そして，ベクトル場とその発散の物理的な関係を示すガウスの発散定理とよばれる重要な定理が存在する．

ガウスの発散定理 閉曲面 S で囲まれた領域 V があるとき，閉曲面 S についてのベクトル場 $\bm{F}$ の外向き法線方向成分 F_n の面積分は

$$\iint_S F_n \, dA = \iiint_V \text{div}\, \bm{F} \, dv \tag{5.11}$$

と体積分で表せる．

[証明] 領域 V を微小領域 $V_1, V_2, \cdots$ に分割する．微小領域 V_i の表面を S_i とすると，閉曲面 S についての面積分は微小閉曲面 S_i についての面積分の和

$$\iint_S F_n \, dA = \sum_i \iint_{S_i} F_n \, dA \tag{5.12}$$

として表される．これは，2つの微小領域の境界面についての面積分は，2つの面の外向き法線ベクトルが逆向きなので打ち消し合うからである．そこで，ベクトル

§5.2 ガウスの発散定理と電場のガウスの法則の微分形　165

場 $\boldsymbol{F}$ の発散 (divergence) を

$$\mathrm{div}\,\boldsymbol{F} = \lim_{\Delta v \to 0} \frac{\iint_S F_\mathrm{n}\,dA}{\Delta v} \tag{5.13}$$

と定義する (Δv は微小閉曲面 S で囲まれた微小領域の体積). $\mathrm{div}\,\boldsymbol{F}$ を発散とよぶ理由は,単位体積当りに発生する場 $\boldsymbol{F}$ の力線束だからである. $\mathrm{div}\,\boldsymbol{F}$ を使うと (5.12) は

$$\iint_S F_\mathrm{n}\,dA = \sum_i \iint_{S_i} F_\mathrm{n}\,dA = \iiint_V \mathrm{div}\,\boldsymbol{F}\,dv \tag{5.14}$$

となる.

(5.13) の右辺の $\Delta v \to 0$ の極限が存在することは,微小領域として,図 5.1 に示す,点 (x, y, z) と点 $(x + \Delta x,\ y + \Delta y,\ z + \Delta z)$ を相対する 2 つの頂点とする体積 $\Delta x\,\Delta y\,\Delta z$ の微小直方体を考えることによって,次のように示される.

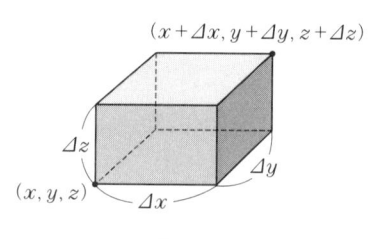

図 5.1

相対する面の表面積分を組み合わせると

$$\iint F_\mathrm{n}\,dA \fallingdotseq \{F_x(x+\Delta x,\ y,\ z) - F_x(x,\ y,\ z)\}\,\Delta y\,\Delta z$$
$$+ \{F_y(x,\ y+\Delta y,\ z) - F_y(x,\ y,\ z)\}\,\Delta x\,\Delta z$$
$$+ \{F_z(x,\ y,\ z+\Delta z) - F_z(x,\ y,\ z)\}\,\Delta x\,\Delta y$$
$$\fallingdotseq \left(\frac{\partial F_x}{\partial x} + \frac{\partial F_y}{\partial y} + \frac{\partial F_z}{\partial z}\right)\Delta x\,\Delta y\,\Delta z \tag{5.15}$$

となる.したがって,ベクトル場 $\boldsymbol{F}$ の発散は直交座標系では

$$\mathrm{div}\,\boldsymbol{F} = \frac{\partial F_x}{\partial x} + \frac{\partial F_y}{\partial y} + \frac{\partial F_z}{\partial z} \tag{5.16}$$

となる.また,§1.14 で定義された微分演算子 ∇

$$\nabla = \left(\frac{\partial}{\partial x},\ \frac{\partial}{\partial y},\ \frac{\partial}{\partial z}\right) \tag{5.17}$$

を使うと，直交座標系では div $\boldsymbol{F}$ を

$$\mathrm{div}\,\boldsymbol{F} = \nabla \cdot \boldsymbol{F} \tag{5.18}$$

のように ∇ と $\boldsymbol{F}$ のスカラー積の形で表すことができる．簡単のために，今後本書では div $\boldsymbol{F}$ を $\nabla\cdot\boldsymbol{F}$ と記すことにする．

電場のガウスの法則の微分形

積分形の電場のガウスの法則 (5.4) にガウスの発散定理を使い，閉曲面 S の上での電場 $\boldsymbol{E}$ の外向き法線方向成分 E_n の面積分を，閉曲面 S で囲まれた領域 V の中での電場 $\boldsymbol{E}$ の発散 $\nabla\cdot\boldsymbol{E}$ の体積分に等しいとおくと

$$\iint_S E_\mathrm{n}\, dA = \iiint_V \nabla\cdot\boldsymbol{E}\, dv = \frac{1}{\varepsilon_0}\iiint_V \rho\, dv \tag{5.19}$$

となる．この式が任意の領域 V について成り立つためには

$$\nabla\cdot\boldsymbol{E} = \frac{\rho}{\varepsilon_0} \tag{5.20}$$

が成り立つ必要がある．これが電場のガウスの法則の微分形である．

電位が存在するための条件 (5.6) の微分形

∇ と ∇ のベクトル積の満たす関係 $\nabla\times\nabla = \boldsymbol{0}$ と電位と電場の関係 $\boldsymbol{E} = -\nabla V$ から，$\nabla\times\boldsymbol{E} = -\nabla\times\nabla V = \boldsymbol{0}$ であることがわかるので，電場 $\boldsymbol{E}$ は

$$\nabla\times\boldsymbol{E} = \boldsymbol{0} \tag{5.21}$$

という微分形の法則を満たすことがわかる．この式は，「電磁気学(II)」で紹介する「閉曲線 C に沿ってのベクトル場 $\boldsymbol{E}$ の接線方向成分 E_t の線積分は，この閉曲線を縁とする裏表のある面 S の上での $\nabla\times\boldsymbol{E}$ の法線方向成分 $(\nabla\times\boldsymbol{E})\cdot\boldsymbol{n}$ の面積分に等しい」というストークスの定理を使って，(5.6) か

§5.3 ポアッソン方程式

電場のガウスの法則

$$\nabla \cdot \boldsymbol{E} = \frac{\rho}{\varepsilon_0}$$

に電場と電位の関係

$$\boldsymbol{E} = -\nabla V$$

を代入すると，

$$\nabla \cdot (\nabla V) = \nabla^2 V = \left(\frac{\partial^2}{\partial x^2} + \frac{\partial^2}{\partial y^2} + \frac{\partial^2}{\partial z^2} \right) V$$

$$= -\frac{\rho}{\varepsilon_0} \tag{5.22}$$

となる．この偏微分方程式を**ポアッソン方程式**という．

電荷分布と適切な境界条件が与えられると，ポアッソン方程式を解いて電位 $V(\boldsymbol{r})$ を求めることができる．電位がわかれば，(1.103) を使って電場 $\boldsymbol{E}(\boldsymbol{r})$ が求められる．適切な境界条件とは，

(1) 境界面上で電位 $V(\boldsymbol{r})$ が指定されている
(2) 境界面上で電場の法線方向成分が指定されている
(3) 導体境界面上で全電荷が指定されている

の3つの場合などで，これらの場合には解の一意性が証明できる（演習問題 [2] 参照）．

たとえば，$r \to \infty$ で $V(\boldsymbol{r}) \to 0$ という境界条件を満たすポアッソン方程式 (5.22) の解は (5.9) であることを以下に示す．

まず，原点に点電荷 e がある場合を考える．この場合の電荷密度は

$$\rho(\boldsymbol{r}) = e\,\delta(\boldsymbol{r}) \tag{5.23}$$

と表される．$\delta(\boldsymbol{r} - \boldsymbol{a})$ は3次元のディラックの**デルタ関数**とよばれ，次の2つの性質をもつ．ここで $\boldsymbol{a}$ は3次元の定ベクトルである．

(1) $\delta(\boldsymbol{r}-\boldsymbol{a})$ は点 $\boldsymbol{r}=\boldsymbol{a}$ 以外ではゼロ
$$\delta(\boldsymbol{r}-\boldsymbol{a})=0 \qquad (\boldsymbol{r}\neq\boldsymbol{a}) \tag{5.24}$$

(2) $\delta(\boldsymbol{r}-\boldsymbol{a})$ は $\boldsymbol{r}=\boldsymbol{a}$ では有限な確定した値をとらないが，$\boldsymbol{r}=\boldsymbol{a}$ で連続な任意の関数 $f(\boldsymbol{r})$ に対する，点 $\boldsymbol{r}=\boldsymbol{a}$ を含む領域での積分が
$$\int dx \int dy \int dz\, f(\boldsymbol{r})\,\delta(\boldsymbol{r}-\boldsymbol{a})=f(\boldsymbol{a}) \tag{5.25}$$

となる．

このような性質をもつ $\delta(\boldsymbol{r}-\boldsymbol{a})$ は普通の関数とは異なるので，超関数とよばれる．

電荷密度 (5.23) を全空間で積分したものは，(5.25) で $f(\boldsymbol{r})=e$，$\boldsymbol{a}=\boldsymbol{0}$ の場合なので，全電気量は e になり，(5.23) の電荷密度は原点 $\boldsymbol{r}=\boldsymbol{0}$ にある点電荷 e を表していることがわかる．

さて，$g(\boldsymbol{r})$ という関数を
$$g(\boldsymbol{r})=\nabla\cdot\left(\nabla\frac{1}{r}\right)=\nabla^2\left(\frac{1}{r}\right) \tag{5.26}$$

と定義してみよう．$1/r$ を $-\nabla$ で偏微分すると
$$-\nabla\left(\frac{1}{r}\right)=\left(\frac{x}{r^3},\ \frac{y}{r^3},\ \frac{z}{r^3}\right) \tag{5.27}$$

となるが，これは原点に単位正電荷がある場合の電位と電場の関係である．(5.27) の両辺に左から ∇ を作用させて内積をとれば，$r\neq 0$ の場合には
$$-\nabla\cdot\left(\nabla\frac{1}{r}\right)=\frac{3}{r^3}-3\frac{x^2+y^2+z^2}{r^5}=0 \qquad (r\neq 0) \tag{5.28}$$

となるので，$g(\boldsymbol{r})=0$ である．しかし，$r=0$ は $1/r$ が無限大になる特異点なので，$g(0)=0$ かどうかはわからない．そこで，原点を中心とする半径 R の球面 S の内部 V で $g(\boldsymbol{r})$ を積分して，ガウスの発散定理 (5.11) を使うと

§5.3 ポアッソン方程式　169

$$\iiint_V dv\, g(r) = \iiint_V dv\, \nabla \cdot \left(\nabla \frac{1}{r}\right)$$

$$= \iint_S \left(\nabla \frac{1}{r}\right) \cdot dA = \iint_S \frac{\partial}{\partial r}\left(\frac{1}{r}\right) dA$$

$$= -\frac{1}{R^2} \iint_S dA = -\frac{1}{R^2} 4\pi R^2 = -4\pi \tag{5.29}$$

となる．この積分値 -4π は積分領域である球の半径 R に無関係なので，

$$\nabla^2\left(\frac{1}{r}\right) = -4\pi\, \delta(\boldsymbol{r}) \tag{5.30}$$

であることが導かれた．したがって，

$$V(r) = \frac{e}{4\pi\varepsilon_0 r} \tag{5.31}$$

は，ポアッソン方程式

$$\nabla^2 V(\boldsymbol{r}) = -\frac{e}{\varepsilon_0}\delta(\boldsymbol{r}) \tag{5.32}$$

の解である．(5.30) の $\boldsymbol{r}$ を $\boldsymbol{r}-\boldsymbol{r}'$ とおけば

$$\nabla^2 \frac{1}{|\boldsymbol{r}-\boldsymbol{r}'|} = -4\pi\, \delta(\boldsymbol{r}-\boldsymbol{r}') \tag{5.33}$$

なので，

$$\nabla^2 V(\boldsymbol{r}) = \nabla^2 \left(\frac{1}{4\pi\varepsilon_0}\int dx' \int dy' \int dz' \frac{\rho(\boldsymbol{r}')}{|\boldsymbol{r}-\boldsymbol{r}'|}\right)$$

$$= -\frac{1}{\varepsilon_0}\int dx' \int dy' \int dz'\, \rho(\boldsymbol{r})\, \delta(\boldsymbol{r}-\boldsymbol{r}')$$

$$= -\frac{1}{\varepsilon_0}\rho(\boldsymbol{r}) \tag{5.34}$$

となる．

このように，電位 (5.9) はポアッソン方程式 (5.22) の解であることがわかった．なお，ポアッソン方程式の解の一意性によって，$r \to \infty$ でゼロになる (5.22) の解は (5.9) 以外にはないことが保証されている．

したがって，クーロンの法則から導かれた静電場の式 (5.2) が満たす 2 つ

の法則 (5.20), (5.21) から出発して，静電場の式 (5.2), つまりクーロンの法則が導かれたことになる．つまり，2 つの法則 (5.20) と (5.21) はクーロンの法則と同等である．

電荷密度 $\rho = 0$ の場合のポアッソン方程式,
$$\nabla^2 V(\boldsymbol{r}) = 0 \tag{5.35}$$
を**ラプラス方程式**とよぶ．

例 1. 一様な電場 $\boldsymbol{E}_0$ の中に導体球を持ち込んだ場合の電場

$+x$ 方向を向いた一様な電場 $\boldsymbol{E}_0$ の中に半径 R の導体球 (電荷 0) を持ち込んだ場合の電場を考える (図 2.1 を見よ)．

導体球の外部に電荷は存在しないので，電位はラプラス方程式
$$\nabla^2 V(\boldsymbol{r}) = 0 \quad (\text{導体球の外部}; r > R) \tag{5.36}$$
を満たす (導体球の中心を原点とする). ここで球外の電位 $V(\boldsymbol{r})$ は，外からかけた電場 $\boldsymbol{E}_0$ による電位
$$V_1(\boldsymbol{r}) = -E_0 x = -E_0 r \cos\theta \quad (\theta は +x 方向と \boldsymbol{r} のなす角) \tag{5.37}$$
と，導体球面に静電誘導で誘起した電荷の作る電場による電位 $V_2(\boldsymbol{r})$ の和である．(5.37) の $V_1(\boldsymbol{r})$ は (5.36) を満たす．

導体球面上に電荷が存在するが，導体球面で電位は連続である．導体球面上の電位は一定なので，$V_1(\boldsymbol{r})$ の $\cos\theta$ という因子の効果を打ち消すために，$V_2(\boldsymbol{r})$ は
$$V_2(\boldsymbol{r}) = f(r) \cos\theta \tag{5.38}$$
という形をしていると推測される．そこで，原点にある $+x$ 方向を向いた電気双極子 $\boldsymbol{p}$ が遠方に作る電場の電位 $px/4\pi\varepsilon_0 r^3 = p\cos\theta/4\pi\varepsilon_0 r^2$ ((1.110) 式) はラプラス方程式を満たすので，$V_2(\boldsymbol{r}) = $ 定数 $\times \cos\theta/r^2$ とおいてみる．つまり，$V(\boldsymbol{r}) = V_1(\boldsymbol{r}) + V_2(\boldsymbol{r})$ を
$$V(\boldsymbol{r}) = -E_0 \cos\theta \left(r - \frac{a}{r^2} \right) \quad (r \geq R) \tag{5.39}$$

とおく（a は定数）．導体球面（$r = R$）は等電位で，電位は球面の内外で連続なので，$V(\bm{r})$ が球面上で θ に依存しないという条件から，$a = R^3$ であることがわかる．したがって，

$$V(\bm{r}) = -E_0 \cos\theta \left(r - \frac{R^3}{r^2} \right) \quad (r \geq R) \tag{5.40}$$

となり，一様な電場 E_0 の中に導体球を持ち込んだ場合，導体球の表面上に誘起した電荷が球面の外に作る電場は，球の中心にある電場の方向を向いた電気双極子 $p = 4\pi\varepsilon_0 E_0 R^3$ が作る電場と同じになる．

(2.2) と (5.40) から，導体球面上に静電誘導で誘起される電荷密度 σ は

$$\sigma = \varepsilon_0 E_\mathrm{n} = -\varepsilon_0 \frac{\partial V}{\partial r} = 3\varepsilon_0 E_0 \cos\theta \tag{5.41}$$

であることがわかる．$\partial V/\partial r$ は，θ を一定にして r で微分する偏微分である．

[問1] (1.110) の電気双極子が遠方に作る電場の電位はラプラス方程式 (5.36) をもちろん満たすが，念のために (1.110) を (5.36) に代入して確かめてみよ．

量子力学で3次元の極座標で表したシュレーディンガー方程式を学べば，

$$r^L Y_{LM}(\theta, \phi) \quad \text{と} \quad r^{-(L+1)} Y_{LM}(\theta, \phi) \tag{5.42}$$

がラプラス方程式の解であることがわかると思う．ここで，$Y_{LM}(\theta, \phi)$ は球面調和関数である．ただし，後者は特異点である原点を含む領域では解でない．

§5.4 電束密度のガウスの法則の微分形

ガウスの発散定理 (5.11) を使うと，積分表示の電束密度のガウスの法則 (3.16) は，

$$\iint_S D_\mathrm{n}\, dA = \iiint_V \nabla \cdot \bm{D}\, dv = \iiint_V \rho_0\, dv \tag{5.43}$$

となるので，微分表示での電束密度のガウスの法則

172   5. 静電場の微分形の法則

$$\nabla \cdot \boldsymbol{D} = \rho_0 \tag{5.44}$$

が導かれる．ここで，ρ_0 は自由電荷密度である．

(5.44) に電束密度の定義 $\boldsymbol{D} = \varepsilon_0 \boldsymbol{E} + \boldsymbol{P}$ ((3.15) 式) を代入して，微分形の電場のガウスの法則 $\nabla \cdot \boldsymbol{E} = \rho/\varepsilon_0$ を使うと，

$$\nabla \cdot \boldsymbol{D} = \varepsilon_0 \nabla \cdot \boldsymbol{E} + \nabla \cdot \boldsymbol{P} = \rho + \nabla \cdot \boldsymbol{P} = \rho_0 \tag{5.45}$$

が得られる．電荷密度 ρ は自由電荷密度 ρ_0 と分極電荷密度 ρ_p の和，すなわち $\rho = \rho_0 + \rho_\mathrm{p}$ なので，分極電荷密度 ρ_p と分極 $\boldsymbol{P}$ の関係が得られる．

$$\rho_\mathrm{p} = -\nabla \cdot \boldsymbol{P} \tag{5.46}$$

[問2] (1) 図 5.2(a) に示した関数を $\theta_+(x)$ とし，図 (b) に示した関数を $\theta_-(x)$ とすると，

$$\frac{d\theta_+(x)}{dx} = \delta(x), \qquad \frac{d\theta_-(x)}{dx} = -\delta(x) \tag{5.47}$$

であることを示せ．

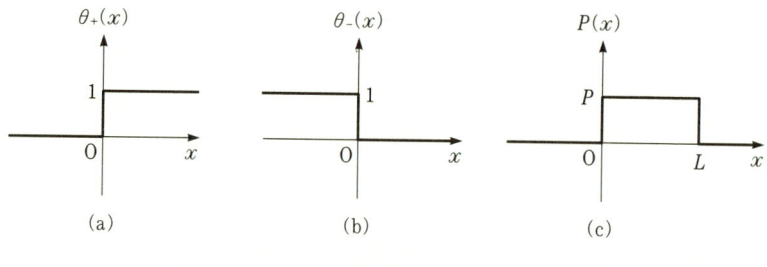

図 5.2

(2) 図 (c) に示した関数を $P(x)$ とすると，

$$\frac{dP(x)}{dx} = -P\,\delta(x-L) + P\,\delta(x) \tag{5.48}$$

であることを示せ．これは，$+x$ 方向を向いた分極 $\boldsymbol{P}$ の誘電体の表面には分極電荷が面密度 $P_\mathrm{n} = \pm P$ で発生することを示す．

例1． 比誘電率 ε_2 の大きな誘電体の中に比誘電率 ε_1 の誘電体の球 (半

§5.4 電束密度のガウスの法則の微分形 173

径 R) が埋め込まれていて，全体に対して外から $+x$ 方向を向いた一様な電場 $\bm{E}_0$ がかかっている (図 5.3)．このときの誘電体球の内部の電場を求めよう．

2 種類の誘電体の内部での電荷密度はゼロなので，各誘電体の内部での電位 $V(\bm{r})$ はラプラス方程式 $\nabla^2 V(\bm{r}) = 0$ の解である．境界面に分極電荷が現れるが，分極電

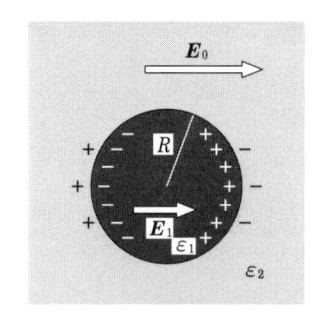

図 5.3

荷の作る電場は遠方ではゼロになる．そこで，前節の例 1 を参考にすると，電位は

$$V(\bm{r}) = -E_0 r \cos\theta + \frac{a\cos\theta}{r^2} \quad (r > R) \quad (5.49\text{a})$$

$$V(\bm{r}) = -E_1 r \cos\theta \quad (r < R) \quad (5.49\text{b})$$

という形をしていることがわかる．$\cos\theta/r^2$ という形の項は球の中心で無限大になるので，誘電体球の内部の解 (5.49 b) には含まれていない．したがって，誘電体球の内部の電場 $\bm{E}_1$ は外部からかけた電場 $\bm{E}_0$ に平行で一様であることがわかる．

2 種類の誘電体の境界面 ($r = R$) に分極電荷が存在するので，境界面で電場は不連続であるが，電位は連続なので，(5.49) から

$$a = (E_0 - E_1)R^3 \quad (5.50)$$

という関係が得られる．

§3.3 で学んだように，2 種類の誘電体の境界面で電束密度の外向き法線方向成分

$$D_\mathrm{n} = \varepsilon_\mathrm{r}\varepsilon_0 E_\mathrm{n} = -\varepsilon_\mathrm{r}\varepsilon_0 \frac{\partial V}{\partial r} \quad (5.51)$$

は連続なので，

$$\varepsilon_1 E_1 = \varepsilon_2(3E_0 - 2E_1) \quad (5.52)$$

が得られる．したがって，誘電体球内部の電場 E_1 は一様で，外部からかかっている電場 E_0 の方向を向いていて，E_1 と E_0 の関係は

$$E_1 = \frac{3\varepsilon_2}{\varepsilon_1 + 2\varepsilon_2} E_0 \qquad (5.53)$$

である．

真空中にある比誘電率 ε_1 の誘電体球に一様な電場 E_0 がかかっている場合

この場合は例1で $\varepsilon_2 = 1$ の場合なので，(5.53) で $\varepsilon_2 = 1$ とおくと，誘電体球内部の電場 E_1 は

$$E_1 = \frac{3}{\varepsilon_1 + 2} E_0 \qquad (5.54)$$

となる．これを外部からかかった電場 E_0 と分極電荷による電場の和として表すと，

$$E_1 = E_0 + \frac{1-\varepsilon_1}{\varepsilon_1 + 2} E_0 = E_0 - \frac{\varepsilon_1 - 1}{3} E_1 \qquad (5.55)$$

となる．電場が E_1 の誘電体の分極は $P = (\varepsilon_1 - 1)\varepsilon_0 E_1$ であることを使うと，(5.55) は

$$E_1 = E_0 - \frac{P}{3\varepsilon_0} \qquad (5.56)$$

と表せることがわかる．

(5.49 a) の定数 a は (5.50) と (5.56) から

$$a = (E_0 - E_1) R^3 = \frac{1}{4\pi\varepsilon_0} \frac{4\pi R^3}{3} P \qquad (5.57)$$

と表せる．球の中心にある $+x$ 方向を向いた電気双極子 p が遠方に作る電場の電位は (1.110) によれば $p\cos\theta/4\pi\varepsilon_0 r^2$ なので，誘電体球表面の分極電荷が球外に作る電場は球の中心にある電気双極子 $p = (4\pi R^3/3)P$ が作る電場と同じである．なお，$(4\pi R^3/3)P$ は体積 $4\pi R^3/3$ の球の内部にある誘電体分子の電気双極子の和である．

一様な電場 E_0 の中の比誘電率 ε_2 の誘電体に球状の空洞がある場合

この場合は例 1 で $\varepsilon_1 = 1$ の場合なので，(5.53) で $\varepsilon_1 = 1$ とおくと，空洞内部の電場 E_1 は

$$E_1 = \frac{3\varepsilon_2}{1 + 2\varepsilon_2} E_0 = E_0 + \frac{\varepsilon_2 - 1}{1 + 2\varepsilon_2} E_0$$

となる．

§5.5　電荷の保存と連続方程式

閉曲面 S の微小面積要素（面積 ΔA，外向き法線 $\bm{n}$）を考える（図 5.4）．この微小面積要素での電流密度 $\bm{j}$ と $\bm{n}$ のなす角を θ とすると，この微小面積要素を通って単位時間当りに閉曲面 S の外に出る電気量は

$$j \cos \theta \, \Delta A = j_n \, dA \quad (5.58)$$

であり，したがって，閉曲面 S の内部から外部に流れ出す全電気量は単位時間当り

$$\iint_S j_n \, dA \quad (5.59)$$

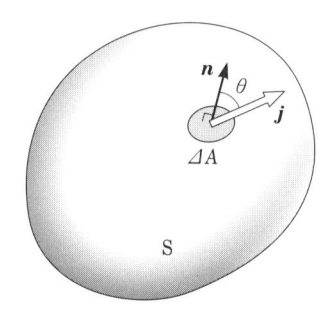

図 5.4

である．

電荷は保存するので，閉曲面 S で囲まれた領域 V にある電気量

$$Q = \iiint_V \rho \, dv \quad (5.60)$$

は単位時間当り (5.59) の割合で減少しなければならない．したがって，次の関係

$$\iint_S j_n \, dA = -\frac{d}{dt} \iiint_V \rho \, dv = -\iiint_V \frac{\partial \rho}{\partial t} \quad (5.61)$$

が導かれる．最後の等式は閉曲面が時間とともに移動しないことを仮定して

5. 静電場の微分形の法則

導いた．

ガウスの発散定理を使うと

$$\iint_S j_n \, dA = \iiint_V \nabla \cdot \boldsymbol{j} \, dv \tag{5.62}$$

なので，電荷の保存則を表す (5.61) は

$$\nabla \cdot \boldsymbol{j} + \frac{\partial \rho}{\partial t} = 0 \tag{5.63}$$

となる．この式を**電荷と電流の連続方程式**という．

定常電流の場合には電荷分布は時間とともに変化せず，$\partial \rho / \partial t = 0$ なので，積分形の (5.61) は

$$\iint_S j_n \, dA = 0 \quad \text{(定常電流)} \tag{5.64}$$

となり，微分形の (5.63) は

$$\nabla \cdot \boldsymbol{j} = 0 \quad \text{(定常電流)} \tag{5.65}$$

となる．ここで，電流密度 $\boldsymbol{j}$ を電気伝導度 σ を使って，$\boldsymbol{j} = \sigma \boldsymbol{E}$ と表すと ((4.16) 式)，σ が一定なら (5.64) は

$$\sigma \iint_S E_n \, dA = 0 \tag{5.66}$$

となる．電場のガウスの法則

$$\iint_S E_n \, dA = \frac{Q}{\varepsilon_0} \tag{5.67}$$

を思い出すと，

　　定常電流が流れている一様な導体の内部には電荷が現れない

ことがわかる．

導体の場合，電荷と電流の連続方程式 (5.63) の電流密度 $\boldsymbol{j}$ に $\boldsymbol{j} = \sigma \boldsymbol{E}$ を代入し，電場のガウスの法則 $\nabla \cdot \boldsymbol{E} = \rho / \varepsilon_0$ を使うと，一様な導体 ($\sigma = $ 一定) の電荷密度 ρ に対する微分方程式

$$\frac{\partial \rho}{\partial t} = -\nabla \cdot \boldsymbol{j} = -\sigma \nabla \cdot \boldsymbol{E} = -\frac{\sigma}{\varepsilon_0} \rho \tag{5.68}$$

が得られる．この方程式の一般解は
$$\rho = 定数 \times e^{-(\sigma/\varepsilon_0)t}$$
なので，導体にかかっている電場が変化した場合には，電場が平衡状態になるまでの時間 τ は
$$\tau \approx \frac{\varepsilon_0}{\sigma} \approx \frac{10^{-11}\,\mathrm{F/m}}{10^{8}\,\mathrm{A/V\cdot m}} \approx 10^{-19}\,\mathrm{s} \tag{5.69}$$
であり，極めて短いことがわかる．

前節で分極電荷密度は $\rho_\mathrm{p} = -\nabla\cdot\boldsymbol{P}$ と表せることがわかった．誘電体の分極 $\boldsymbol{P}$ が変化するとき，分子の内部で電子が移動し，分極電流が流れる．分極電流密度を $\boldsymbol{j}_\mathrm{p}$ と記すと，連続方程式は
$$\nabla\cdot\boldsymbol{j}_\mathrm{p} = -\frac{\partial \rho_\mathrm{p}}{\partial t} = \frac{\partial(\nabla\cdot\boldsymbol{P})}{\partial t} = \nabla\cdot\frac{\partial \boldsymbol{P}}{\partial t}$$
となるので，分極電流密度は
$$\boldsymbol{j}_\mathrm{p} = \frac{\partial \boldsymbol{P}}{\partial t} \tag{5.70}$$
である．

=== 演習問題 ===

[1] (1) 真空中の一様な電場 $\boldsymbol{E}_0$ の中に半径 R の導体の円柱を中心軸が電場に垂直になるように置いた．電位と円柱の表面に誘起される電荷密度を求めよ．

(2) 真空中の一様な電場 $\boldsymbol{E}_0$ の中に半径 R，比誘電率 ε_r の誘電体の円柱を中心軸が電場に垂直になるように置いたときの円柱内部の電場を $\boldsymbol{E}_0$ と $\boldsymbol{P}$ で表せ．電場の方向は $+x$ 方向で，中心軸の方向が z 方向の場合には，x および $x/(x^2+y^2)$ はラプラス方程式の解であることを使え．

[2] **静電場の解の一意性** 境界内部で等しい発散の値 $\nabla\cdot\boldsymbol{E}_1 = \nabla\cdot\boldsymbol{E}_2 = \rho/\varepsilon_0$ をもつ 2 つの静電場の方程式の解 $\boldsymbol{E}_1$ と $\boldsymbol{E}_2$ があると仮定する．これらの解はそ

れぞれの電位を使って $\boldsymbol{E}_1 = -\nabla V_1$ および $\boldsymbol{E}_2 = -\nabla V_2$ と表せる．電場の差 $\boldsymbol{E} = \boldsymbol{E}_1 - \boldsymbol{E}_2$ と電位の差 $V = V_1 - V_2$ を作り，$\nabla \cdot \boldsymbol{E} = 0$ に注意すると，V と $\boldsymbol{E}$ の積 $V\boldsymbol{E}$ の発散は

$$\nabla \cdot (V\boldsymbol{E}) = V\nabla \cdot \boldsymbol{E} + (\nabla V) \cdot \boldsymbol{E} = 0 + (-\boldsymbol{E}) \cdot \boldsymbol{E} = -E^2 \tag{1}$$

となる．境界のある領域 V に発散定理を適用すると，

$$\iiint_V \nabla \cdot (V\boldsymbol{E})\, dv = \iint_S V\boldsymbol{E} \cdot d\boldsymbol{A} \tag{2}$$

となる．ここで S は境界表面である．もし (2) の右辺の表面積分が消えれば，(1) と (2) から $\boldsymbol{E}_1 = \boldsymbol{E}_2$ を意味する

$$\iiint_V E^2\, dv = 0$$

が導かれる．

この結果を使って，
 (1) 境界面上で電位 $V(\boldsymbol{r})$ が指定されている
 (2) 境界面上で電場の法線方向成分が指定されている
 (3) 導体境界面上で全電荷が指定されている

という3つの場合には，(2) の右辺の表面積分が消えるので，ポアッソン方程式の解の一意性を証明できることを示せ．

エコール・ポリテクニック

　現在では，科学や技術を学ぶ場合には大学の理工系学部に入学し，卒業すれば科学技術の専門家として活躍する．科学技術の専門家を養成する理工系大学が初めて誕生したのは，フランス革命最中の 1795 年のことであった．戦争遂行に必要な土木，築城，造兵，都市・道路建設，造船，鉱山開発などの技術者養成のためにパリに誕生したこの学校の名前は，エコール・ポリテクニックである．多方面の技術を教授する学校という意味であるが，砲兵学校，理工科大学，高等工芸学校などと訳されている．修業年限 3 年間の最初の 1 年間は数学と物理の授業に当てられ，1 回が 3 時間の授業が 547 回行われた．日本では 110 単位分の授業であり，これだけで大学の卒業に必要な単位はほぼ満たされてしまう．教師の中にはラプラス，ラグランジュ，フーリエ，アンペールなどがいた．

　このような高密度の教育の成果として，19 世紀の最初の数十年間に，ビオ，ポアッソン，アラゴ，フレネル，カルノー，ゲイ・リュサック，コーシーなどの数多くの科学者を輩出し，この時期のフランスを世界の物理学の中心にするのに寄与した．なお，このコラムの執筆に際して，佐藤満彦 著，「ガリレオの求職活動 ニュートンの家計簿— 科学者たちの生活と仕事」(中公新書，中央公論新社，2000 年) を参考にした．

6 導体，半導体，絶縁体

固体には導体，半導体，絶縁体などがある．どうしてある物質は導体で，別の物質は絶縁体なのだろうか．その原因を考えよう．

§6.1 原子の定常状態と元素の周期律

原子の定常状態

§1.3 では電子は粒子性と波動性という二重性をもつことを紹介した．それでは，原子中の電子の運動状態をどのように考えればよいのだろうか．原子の世界の力学である量子力学によれば，原子の内部で電子は波として運動している．

われわれの知っている波には2種類ある．1つは，水面を広がる波のようにどこまでも進んでいく進行波である．もう1つは，ギターやバイオリンやピアノの弦を弾くとき，弦に生じる定常波である．定常波は，図6.1のような形で同じ所で振動し続けて進まない波なので，定

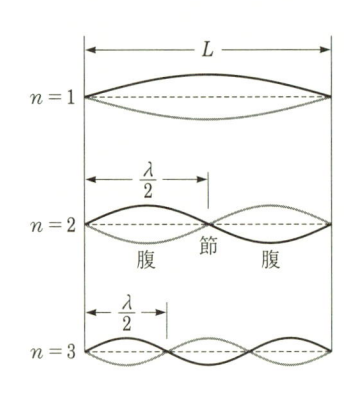

図 6.1 弦の固有振動
定常波の波長 $\lambda = 2L/n$,
振動数 $\nu = vn/2L$ ($n = 1, 2, 3, \cdots$),
L は弦の長さ，v は波の速さ．

在波ともいう．定常波の振動数 ν はとびとびの値しかとれない（図 6.1）．

原子の中での電子の波は，弦の場合と同じように，とびとびの値の振動数で振動する定常波である．量子力学の世界では，粒子性を示すときのエネルギーは波動性を示すときの振動数 ν の h 倍なので，原子のエネルギー ($E = h\nu$) はとびとびの値，$E_1, E_2, E_3, \cdots$ しかとれない．このとびとびのエネルギーの状態を原子の**定常状態**という．エネルギーが最小の定常状態を**基底状態**，そのほかの定常状態を**励起状態**という．

エネルギーの高い定常状態 E_n の原子は不安定で，光子を放出して，エネルギーの低い定常状態 E_m へ移る．このとき，余分なエネルギーの $E_n - E_m$ は光子のエネルギーになる（図 6.2）．光子のエネルギーは $h\nu$ なので，このとき原子が放射する光の振動数 ν は

$$\nu = \frac{E_n - E_m}{h} \qquad (6.1)$$

というとびとびの値に限られることになる．

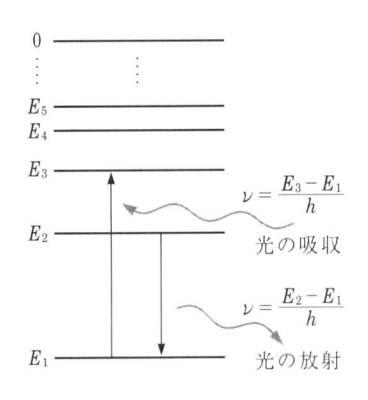

図 6.2 原子のエネルギー準位と光の放射・吸収

そこで，気体の原子が放射する光の振動数はとびとびの値に限られる．このことは，ネオンサインで経験している．よく知られているように，放電管の中の気体は特有の色の光を放射する．気体を高温に加熱したり，気体原子を電気火花，原子衝突などで刺激したりすると原子は光を放射するが，この光を回折格子で分光すると多くの線に分かれる．この線スペクトルとよばれる線は，とびとびの振動数に対応する光である．逆に，エネルギーの低い定常状態 E_m にいる原子は，振動数 $\nu = (E_n - E_m)/h$ の光の光子を吸収すると，エネルギーの高い定常状態 E_n に移る．

182   6. 導体，半導体，絶縁体

密封した管の中の気体分子のように，絶対温度 T の壁の中で莫大な数の構成粒子が互いに衝突し合ったり，壁に衝突したりしながら乱雑に運動している場合，構成粒子がエネルギー E をもつ確率は

$$e^{-E/kT} \tag{6.2}$$

に比例することが理論的に導かれる．この確率分布を**ボルツマン分布**という．定数 k はボルツマン定数，

$$k = 1.38 \times 10^{-23}\,\text{J/K} \tag{6.3}$$

である．したがって，低温ではほとんどの分子はエネルギーが最低の基底状態にいる．

元素の周期律

量子力学を使うと，原子の定常状態のエネルギーを計算できる．原子の定常波は，原子に含まれる個々の電子に対応する定常波の集りだと考えてよい．つまり，一つ一つの電子は他の電子とは独立な定常波として振る舞う．個々の電子の定常波は，原子核を中心とする動径方向への振動，原子核を中心とする回転 (公転)，「電磁気学(II)」の第 10 章で学ぶスピンとよばれる電子の自転，などの様子で分類される．電子の定常波の振動数 ν を定性的に描くと図 6.3 のようになる (図にはエネルギー $E = h\nu$ を記した)．異なるタイプの定常波の振動数には等しい値のものがあるので，その振動数をもつ定常波の数だけ丸印を記した．

原子番号 Z の原子では，Z 個の電子は振動数の一番小さい，つまりエネルギーの

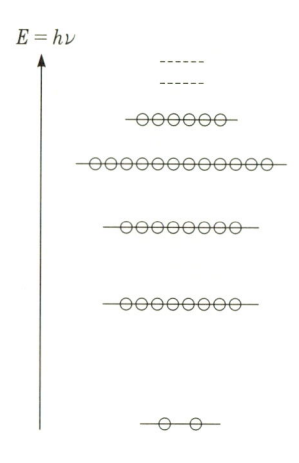

図 6.3 電子のエネルギーの値の近似的な様子
丸印の数は同じエネルギー $h\nu$ をもつ状態の数 (同じ振動数 ν をもつ定常波の数)

§6.1 原子の定常状態と元素の周期律

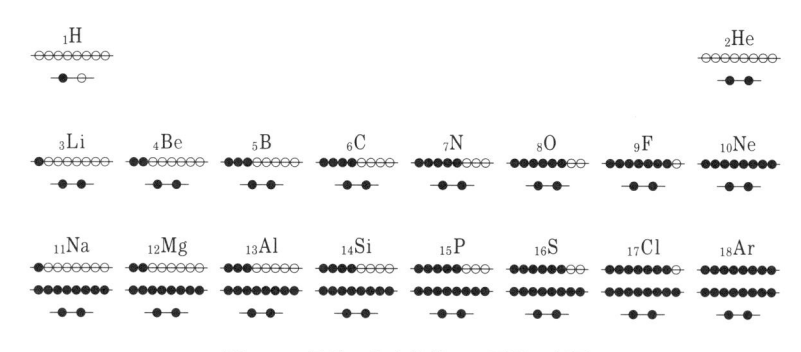

図 6.4 原子の基底状態での電子の配置

一番小さい定常波の状態から順番に，下から Z 番目の状態までを占領している．これは，「電子は一つの状態には1個しか入れない」という**パウリの排他原理**があるからである．図6.4での電子配置の様子を見ると，元素の周期表と対応している．そこで，元素の化学的性質を決めるのは，最後に詰まる状態の電子数であることがわかる．エネルギーが大きいほど，電子は原子核から遠くにいるので，この状態の電子を最外殻電子とよぶ．

最外殻の電子数が原子の化学的性質を決める原子価に対応するので，最外殻電子を価電子ともいう．最外殻が満員の原子はヘリウム，ネオン，アルゴンなどの不活性ガスの原子である．水素，リチウム，ナトリウムなどの原子は最外殻のただ1個の電子を放出して1価の正イオンになりやすく，フッ素，塩素などの原子は最外殻のただ1個の空席に電子を入れて1価の負イオンになりやすいことがわかる．

エネルギーの低い方から Z 番目までの状態が電子によって占領されているのは，原子の基底状態である．振動数の小さい状態に空席があり，その代り振動数の大きい状態に電子がいるのが励起状態である．室温では，物質中のほとんどの原子は基底状態にあるが，熱運動のために一部の原子は励起状態にある．気体原子を励起するには，加熱したり，放電管の電極間に電圧をかけて電子を加速して原子に衝突させたりすればよい．ただし，気体を

2000℃加熱する場合と同じ効果は，1V弱の電圧で加速された電子との衝突で得られる．

§6.2 絶縁体，導体，半導体
バンド

原子がぎっしり詰まっている固体内部の電子について考えよう．1個の原子が単独に存在する場合には，電子のエネルギーは図6.5の左端に示すとびとびの値しかとれない．

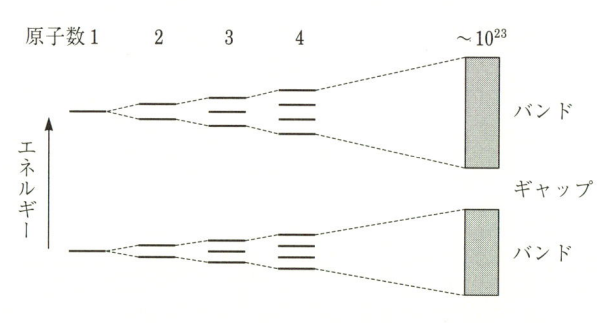

図6.5 エネルギーのバンド（帯）の形成

しかし，2個の原子を近づけると，一方の原子の電子がもう一方の原子の電子と作用するので，電子の定常波の振動数が変化する．そこで，近接して原子が2個ある場合，電子のエネルギー準位は図6.5の左から2番目のようになる．この現象は，図6.6の2つの振り子を同時に振動させると，振り子の間でエネルギーの交換が起こり，振動数がわずかに異なる2つのタイプの振動を行うのに似ている．

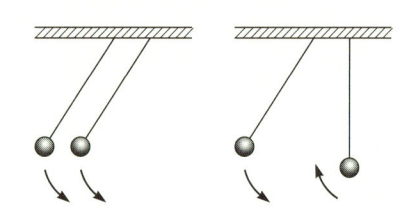

図6.6 2つの同じ振り子を1本のひもに吊り下げる．2つのタイプの振動の振動数は少し異なる．

§6.2 絶縁体，導体，半導体　　185

　近接している原子の数が3, 4, …と増えると，エネルギー準位は図6.5の左から3, 4, …番目のようになる．そこで，多数の原子が集って結晶を作ると，電子がとれるエネルギーの値は，図6.5の右端のように原子のエネルギー準位の周りに幅をもつ．この幅をもったエネルギーの範囲を**エネルギーバンド（帯）**または**バンド**という．これに対して，電子がとることのできないエネルギーの範囲を**エネルギーギャップ**または**ギャップ**という．

　単独の原子の場合には n 個の電子が入れるエネルギー準位に対応するバンドには，結晶を構成する原子数を N とすると，nN 個の電子が入れる．電子はエネルギーの低いバンドから順番に占領していく．原子の価電子が入るバンドを価電子帯という．

絶　縁　体

　電圧をかけても電流の流れない絶縁体の場合には，価電子がちょうど価電子帯をいっぱいに占領している．そこで，電圧をかけて，価電子を加速してエネルギーの高い状態に移そうとすると，そこはギャップになっているので，それを飛び越してその上にあるバンドの伝導帯に移さなければならない．伝導帯と価電子帯のエネルギーの差は，電子が電場から得るエネルギーより大きいのが普通なので，電子は伝導帯に移れない．したがって，絶縁体

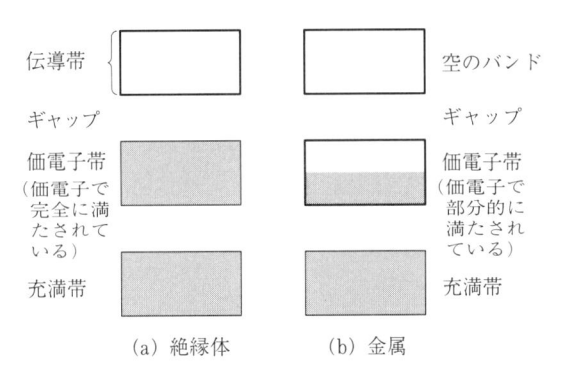

図6.7　絶縁体と導体（金属）

に電圧をかけても電子は加速されず,電流は流れない(図6.7(a)).

導 体

金属の場合には,価電子の入っている価電子帯(伝導帯)は,電子が途中まで占領しているだけなので,小さな電圧をかけても電子はすぐ上の空いている状態に移り,加速されて,電流が流れる.この価電子帯にいる電子が自由電子である(図6.7(b)).価電子帯にいる自由電子は大きなエネルギーをもつので,低温でも10^6 m/s程度の高速で乱雑に運動している.

半導体

電気伝導率が金属よりはるかに小さいが,絶縁体よりはるかに大きいので,半導体とよばれる物質の中で,応用上重要なのはシリコン(ケイ素)に不純物を注入した物質である.

シリコンは炭素と同じように4個の価電子をもつ元素で,各シリコン原子は4個の価電子を出し合って,周囲のシリコン原子と8個の電子を共有して,共有結合とよばれる仕組みで結合し合っている.

シリコンの場合,満員の価電子帯と空っぽの伝導帯の間のギャップが比較的に狭いので(1.17 eV),共有結合をしている価電子が十分な熱運動のエネルギーをもらえば,ギャップを飛び越えて,伝導帯に移って自由電子になれる(図6.8(a)).この場合に,電子が共有結合から抜け出した後には孔があくので,この孔には近所の電子が入り込み,そのまたあいた孔には他の原子

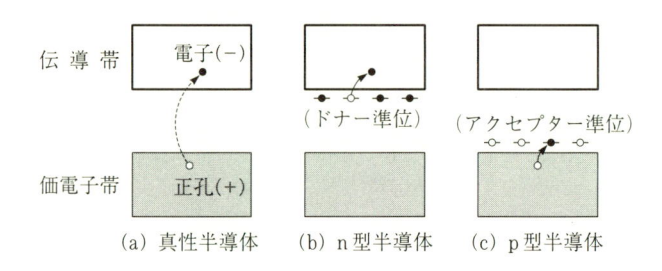

(a) 真性半導体　　(b) n型半導体　　(c) p型半導体

図 6.8 半導体のエネルギーバンド

の電子が入り込む．このように電子の抜けた孔は，水中を泡が動くように，結晶の中を移動していく．そこで，電圧をかけると，電場の逆方向への電子の運動とは逆向きに，あたかも正電荷を帯びた孔が電場の方向に運動するような状況が起こる．この孔を**正孔**あるいは**ホール**という．したがって，この場合には，自由電子と正孔の両方で電気伝導が起こる．このような物質を**真性半導体**という．自由電子が少ないので，シリコン（ケイ素）の電気抵抗率は金属よりはるかに小さいが，絶縁体よりはるかに大きい．

　シリコンの結晶に5個の価電子をもつ元素のリン，ヒ素，アンチモン，ビスマスなどを不純物として混ぜると，不純物の原子は結晶の格子点に入り4個の電子を出して周囲の4個のシリコン原子と共有結合する．その結果，不純物原子の価電子が1個ずつ余る．この電子は価電子帯（充満帯）の上の伝導帯に入るはずだが，正イオンになった不純物原子から電気力で引かれるので，伝導帯の少し下の不純物準位にいる．しかし，わずかな熱エネルギーをもらうと，不純物原子を離れて伝導帯に飛び移り，結晶の中を動き回れる自由電子になる．電圧をかけると，自由電子が動くので電流が流れる．このような物質を**n型半導体**とよび，不純物準位を**ドナー準位**とよぶ（図6.8(b)）．

　シリコンの結晶に，3個の価電子しかもたない元素のホウ素，アルミニウム，ガリウム，インジウムなどを不純物として混ぜると，周囲の原子と共有結合するには価電子だけでは電子が1個ずつ不足する．これを補うために，不純物原子は中の方の電子を出すので，抜け出した後に孔があく．この孔に電子を入れようとすると，不純物原子は負の電荷をもつことになるので，負電荷同士の反発力のために，空孔に入った電子のエネルギーは共有結合をしている価電子帯にいる電子のエネルギーよりも少し大きくなる．そこで，この不純物が入った半導体の結晶のエネルギー準位には，価電子帯のすぐ上に不純物準位が存在する．これを**アクセプター準位**という（図6.8(c)）．

　価電子帯にいる電子が十分な熱運動のエネルギーをもつと，空いているア

クセプター準位に飛び移って、価電子帯に孔ができる。この孔は前に説明した正孔(ホール)である。そこで、電圧をかけると、正孔の移動によって電流が流れる。このような物質を**p型半導体**という。なお、n型、p型の名は、電荷の担い手(キャリア)のもつ電荷が負(negative)か正(positive)かによっている。このように、固体の電気伝導はエネルギーバンドという概念を導入すると理解できる。

半導体の性質は含まれる不純物に敏感に影響される。このことを利用して、高純度のシリコンを作り、そこに決まった種類の不純物を一定量溶かし込む(ドーピングするという)ことによって、望み通りの性質をもつp型およびn型半導体を望み通りの場所に作ることができる。

§6.3 半導体の応用

シリコン結晶の一部をp型に、他の部分をn型にし、p型半導体とn型半導体が接している構造にしたものを**pn接合**という。pn接合は、電卓でおな

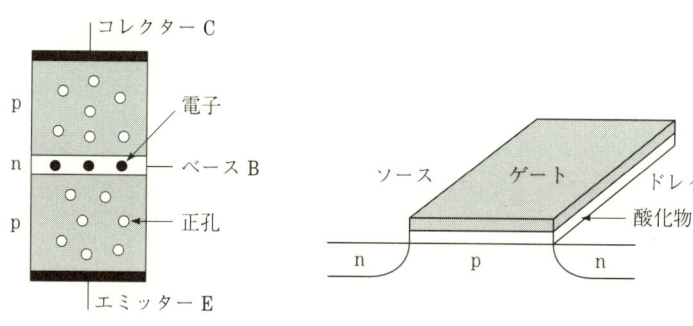

(a) pnp接合トランジスター

(b) 酸化物半導体(MOS)型電界効果トランジスター

図6.9 トランジスター

トランジスターは、3個の端子をもつ半導体の回路素子である。MOS型電界効果トランジスターはp型のシリコン基板を酸化してSiO_2膜を作り、その上に金属膜(ゲート電極)を付け、酸化膜に孔を開けて高濃度のn型にドープした電極2個(ソースとドレイン)を作ったものである。

じみの太陽電池，交通信号やビルの壁面の大型動画ディスプレイなどに使われている発光ダイオード (LED)，光通信や CD の記録の読み出しやレーザープリンターなどに使われている半導体レーザーなどにも利用されている．

pn 接合を 2 つ接近させた構造の pnp 接合や npn 接合はトランジスターになる（図 6.9）．**トランジスター**は 3 個の端子をもつ回路素子で，増幅作用やスイッチング作用がある．トランジスターの発明によって，電子装置の小型化と低電力化が可能になった．

pn 接合ダイオード

pn 接合に 2 個の電極を付けたものを pn 接合ダイオードという．pn 接合ダイオードには整流作用がある．まず，p 型半導体と n 型半導体を接合させるとどうなるかを考えよう．この 2 つを接合させると，接合部付近の n 型部分から自由電子が p 型部分に拡散し，接合部付近の p 型部分から正孔が n 型部分に拡散し，互いに結合して消滅するので，接合部付近はキャリア（自由電子と正孔）のない状態になる．これを空乏層という．この結果，空乏層内で接合部付近の n 型部分には正電荷が現れ，p 型部分には負電荷が現れる（図 6.10(a)）．これらの電荷は p 型部分と n 型部分のキャリアがこれ以上拡散するのを妨げる．

n 型に付けた電極を電池の正極につなぎ，p 型に付けた電極を負極につなぐと，n 型の中の電子も p 型の中の正孔もそれぞれに付けた電極の方に引か

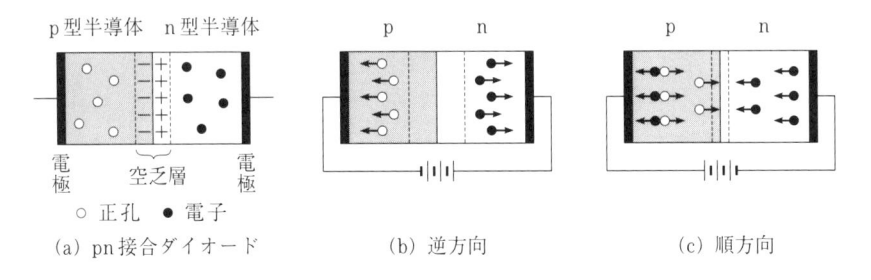

図 6.10　pn 接合ダイオードの整流作用

れ，その結果，空乏層が広がり，キャリアが接合面を移動できないので，電流はほとんど流れない（図(b)）．

逆に，p型に付けた電極を電池の正極につなぎ，n型に付けた電極を負極につなぐと，p型部分の正孔は電池の正電圧に反発されてn型部分へ向かい，n型部分の電子はp型部分へ向かう．その結果，空乏層は狭くなり，ある程度以上（約0.6V以上）の電圧を加えると，空乏層を越えてキャリアが互いに流れ込み，電流が流れる．このときn型に付けた電極から自由電子がn型部分に向かって流れ，電子を補給する．また，p型部分の内部からは電子がこれに付けた電極の方へ向かうが，これは電極から正孔がp型部分に補給されると見ることができる．そこで，この場合には電流が流れ続ける（図(c)）．

このようにpn接合ダイオードでは，p型がn型に対して正電位になったときだけ電流が流れ，反対のときには電流は流れない．これをダイオードの**整流作用**といい，前者を順方向，後者を逆方向という．逆方向電圧をある程度以上に上げると，電流が急激に流れ始める．この電圧を降伏電圧という．

発光ダイオード

ガリウム・ヒ素（GaAs）やガリウム・リン（GaP）などの発光しやすい材料を使って，図6.11のようにpn接合したものを発光ダイオード（LED）という．このpn接合ダイオードに順方向の電圧をかけると，接合面付近で電子と正孔は結合して中和する．この過程はエネルギーの高い（E_n）伝導帯にいる電子が，エネルギーの低い（E_m）価電子帯の空席に入る過程である．そこで，この際に電子のエネルギー差 $E_n - E_m$ が放出される．このエネルギーが，結晶の熱としてではなく，光子として接合部付近から放出されるのが発光ダイオードである．半導体の

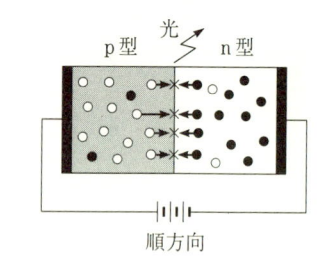

図6.11 発光ダイオードの発光

物質によって発光色が変る．

太陽電池

半導体を使って太陽光のエネルギーを直接に電気エネルギーに変換する素子が太陽電池である（図 6.12）．pn 接合の接合面付近にエネルギーギャップより大きいエネルギーの光子を照射して，電子と正孔のペアができると，電子は n 型の部分に，正孔は p 型の部分に移動する．このために，p 型を正に，n 型を負に帯電させる光起電力が生じる．この光起電力を利用している太陽電池は電卓でおなじみのものである．

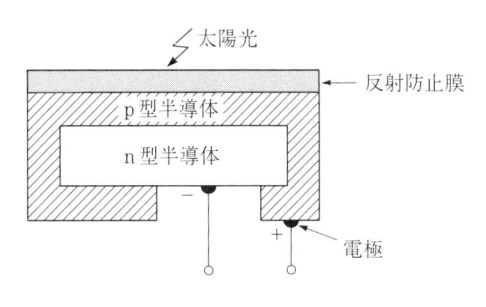

図 6.12 太陽電池

§6.4 導電性高分子

有機化合物は炭素を基本骨格にもつ物質で，一般に複雑な構造をもつために，容易に新しい物質を作ることができ，これまでに1千万以上の化合物が登録されている．有機化合物の中に合成高分子とよばれる，原子・分子が数万，数百万とつながり，繊維や樹脂を形成する特徴をもつものがある．アセチレン C_2H_2 が鎖状につながったポリアセチレンはその一例である．図 6.13 に示すように，ポリアセチレンは2重結合と単結合のくり返しをもつ共役系

(a) アセチレン C_2H_2　　(b) ポリアセチレン

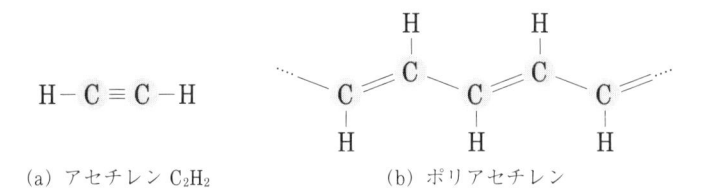

図 6.13 ポリアセチレン

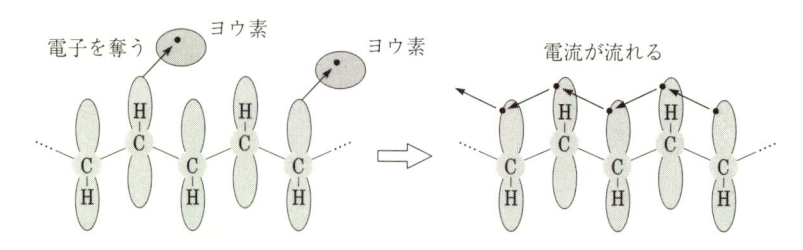

図6.14 ヨウ素をドープしたポリアセチレン

とよばれる高分子である．ポリアセチレンは電気を伝えないが，ポリアセチレンのフィルムに，電子を奪いやすいヨウ素をドーピングして，2重結合をしているπ電子とよばれる電子を1つとると，その隣の電子が孔を埋めるように移動し，その動きが全体におよぶことによって電流が流れる（図6.14）．このような高分子を**導電性高分子**という．

高分子ではないが，電気を流す有機物として，電子を与える分子（ドナー）と電子を受けとる分子（アクセプター）が並んで結晶を作る有機錯体がある．代表的な物質は，ドナーとアクセプターが両方とも有機分子でできたTTF‐TCNQである．

演習問題

[1] n型あるいはp型の半導体に電池をつなぐとどちらの方向にも電流が流れるが，これらからpn接合ダイオードを作ると電流が1方向にしか流れなくなる理由を説明せよ．

[2] 半導体を温度計として利用できる理由を説明せよ．

問・演習問題解答

第 1 章

[問1] 略

[問2]
$$\int_{P \to C \to A} E_t \, ds = - \int_{A \to C \to P} E_t \, ds$$

なので，
$$\int_{P \to B \to A} E_t \, ds = \int_{P \to C \to A} E_t \, ds$$

なら
$$\left(\int_{P \to B \to A} - \int_{P \to C \to A} \right) E_t \, ds = \int_{P \to B \to A \to C \to P} E_t \, ds = \oint E_t \, ds = 0$$

であることを使え．

[問3] 点 P の電場の方が強い．

[1] 違いは生じない．電荷は常に 2 つの電荷の積として現れる．

[2] 静電誘導で箔に生じる電荷は，近づけた帯電物体の電荷に比例するから．

[3] 2 つに分離できる導体に正に帯電した物体を近づけた状態で分離すると，手前の導体は負に帯電する．

[4] $4/x^2 = 10/(2-x)^2$．$\sqrt{10}\, x = 2(2-x)$, ∴ $x = 4/(\sqrt{10}+2) = 0.77$ [m]．

[5] (1) $E = 0$ になるのは x 軸上の $0 < x < 9.0$ cm の範囲である．$4.0/x^2 = 1.0/(9.0-x)^2$．
$$2.0 \times (9.0 - x) = x, \quad \therefore \quad x = 6.0 \text{ cm}$$

(2) $x = 15$ cm の場合
$$E_x = 9.0 \times 10^9 \times \left\{ \frac{4.0 \times 10^{-6}}{0.15^2} + \frac{1.0 \times 10^{-6}}{(0.15-0.09)^2} \right\} = 4.1 \times 10^6 \text{ [N/C]}$$
$$\therefore \quad \boldsymbol{E} = (4.1 \times 10^6 \text{ N/C}, 0, 0)$$

$x = -10$ cm の場合
$$E_x = -9.0 \times 10^9 \times \left\{ \frac{4.0 \times 10^{-6}}{0.10^2} + \frac{1.0 \times 10^{-6}}{(0.10+0.09)^2} \right\} = -3.8 \times 10^6 \text{ [N/C]}$$
$$\therefore \quad \boldsymbol{E} = (-3.8 \times 10^6 \text{ N/C}, 0, 0)$$

[6] $eE = mg$ より，$E = 9.1 \times 10^{-31} \times 9.8/1.6 \times 10^{-19} = 5.6 \times 10^{-11}$ [N/C]．
$ma = eE$ より，$a = 1.6 \times 10^{-19} \times 10000/9.1 \times 10^{-31} = 1.8 \times 10^{15}$ [m/s^2]．

[7] （1） 0

（2） 三角形の中心から頂点を向いた方向に，$F = 2(Q^2/4\pi\varepsilon_0 L^2)\cos 30° = \sqrt{3}\, Q^2/4\pi\varepsilon_0 L^2$．

（3） 正三角錐の高さは $\sqrt{2/3}\,L$ なので，$E = 3(|Q|/4\pi\varepsilon_0 L^2)\sqrt{2/3} = \sqrt{6}\,|Q|/4\pi\varepsilon_0 L^2$．

[8] 半円の中心角は π（ラジアン）なので，図の中心角 $\Delta\theta$（ラジアン）の部分の電荷 $\Delta Q = 10\,\mu\text{C} \times (\Delta\theta/\pi)$．この電荷による中心Oでの電場の強さ $\Delta E = \Delta Q/4\pi\varepsilon_0 r^2$．点Oの電場 E の方向は対称性から右向きの矢印の方向なので，強さは

$$E = \sum \Delta E \cos\theta = \sum \frac{\cos\theta}{4\pi\varepsilon_0 r^2} \Delta Q$$

$$= \frac{1}{4\pi\varepsilon_0} \frac{10\,\mu\text{C}}{\pi r^2} \int_{-\pi/2}^{\pi/2} d\theta \cos\theta$$

$$= \frac{1}{4\pi\varepsilon_0} \times \frac{2 \times 10\,\mu\text{C}}{\pi r^2}$$

$$= \frac{9.0 \times 10^9 \times 2 \times 10 \times 10^{-6}}{\pi(0.1)^2}$$

$$= 5.7 \times 10^6 \text{ N/C}$$

[9] 図の点Pを頂点とする2つの円錐を考える．底面A，Bの上の電荷による電気力は逆向きで，大きさは等しいので，打ち消す．（面積 A_1 と A_2 の比は点Pからの距離 d_1, d_2 の2乗の比に等しいので，$A_1/d_1^2 = A_2/d_2^2$．）

[10] 万有引力もガウスの法則に従うので，球殻の内部では万有引力はゼロである．したがって，宇宙船の中のような状態になる．

[11] （1）［例題1.8］の(1.58)を使うと，負電荷 $-q$ にはたらく電気力は球の中心を向く力 $\boldsymbol{F} = -q\boldsymbol{E} = -q\rho\boldsymbol{r}/3\varepsilon_0$ なので，球の中心が安定なつり合い点．

（2） つり合いの位置からずらすと，変位 $\boldsymbol{r}$ に比例する復元力 $-q\rho\boldsymbol{r}/3\varepsilon_0$ がはたらくので，角振動数 $\omega = (q\rho/3\varepsilon_0 m)^{1/2}$ の単振動．

[12] （1） 一様に帯電した半径 R の球内の電場は，中心からの位置ベクトルを $\boldsymbol{r}$ とすると，(1.58)によって $\boldsymbol{E} = \rho\boldsymbol{r}/3\varepsilon_0$ で与えられる．したがって，正，負の電荷の中心からの位置ベクトルを $\boldsymbol{r}'$, $\boldsymbol{r}$ とすると，球内の電場は $(\rho/3\varepsilon_0)(\boldsymbol{r}' - \boldsymbol{r}) = -(\rho/3\varepsilon_0)\boldsymbol{\delta}$ で一様になる（$\boldsymbol{\delta} = \boldsymbol{r} - \boldsymbol{r}'$ は，ずれのベクトル）．

（2） 表面の帯電部分の厚さは $\delta\cos\theta$ なので，表面電荷密度は $\rho\delta\cos\theta$．

[13] $\lambda = Q/L = -1.0 \times 10^{-7}$ C/m，$E = \lambda/2\pi\varepsilon_0 r = -3.6 \times 10^5$ N/C．負符号は電場が棒の中心に向かうことを示す．

[**14**] 平行板の外側では $E = \sigma/\varepsilon_0$ (外向き). 平行板の間では 0. 力は $\sigma \times \sigma/2\varepsilon_0 = \sigma^2/2\varepsilon_0$.

[**15**] 2枚の板の電荷の作る電場を $\boldsymbol{E}_1$, $\boldsymbol{E}_2$ とすると, $\boldsymbol{E}_1$, $\boldsymbol{E}_2$ は板に垂直で
$$E_1 = \frac{2\sigma}{2\varepsilon_0} = \frac{\sigma}{\varepsilon_0}, \qquad E_2 = \frac{\sigma}{2\varepsilon_0}$$
求める電場 $\boldsymbol{E} = \boldsymbol{E}_1 + \boldsymbol{E}_2$ は強さが $\sigma/2\varepsilon_0$, $3\sigma/2\varepsilon_0$, $\sigma/2\varepsilon_0$ (図を参照).

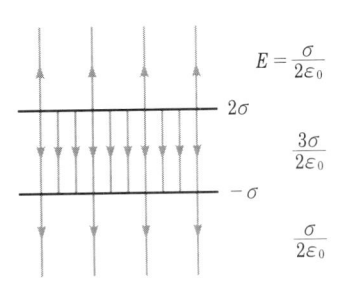

[**16**] ガウスの法則から $E_{1n}A_1 + E_{2n}A_2 = 0$ が導かれる.

[**17**] 万有引力はクーロン力と同じように距離 r の2乗に反比例するので, ガウスの法則が成り立ち, §1.10 の結果が使える. すなわち, 物体 A のおよぼす万有引力は, 質量 m_A が A の中心に集まっている場合と同じである. 作用反作用の法則によって, 物体 A の受ける物体 B の万有引力の大きさは, 物体 B が物体 A の中心にある質量 m_A におよぼす万有引力の大きさに等しい. これはガウスの法則によって, 質量 m_B が B の中心にある場合に, A の中心にある質量 m_A におよぼす万有引力に等しい. ∴ $F = -Gm_A m_B/r^2$.

[**18**] $U = 9.0 \times 10^9 \times 200 \times 10^{-6} \times 300 \times 10^{-6}/2.0 = 270$ [J]
$V = 9.0 \times 10^9 \times 300 \times 10^{-6}/2.0 = 1.35 \times 10^6$ [V]

[**19**] $mg = bv_1$ と $qE = mg + bv_2$ から b を消去すると, $q = (1 + v_2/v_1)mg/E$ が得られる.

[**20**] 1.64×10^{-19} C

[**21**] B, C 間では等加速度直線運動, その後は等速直線運動. F, G の間では右向きの等速直線運動と上向きの加速度 $a = eE/m$ の等加速度運動の重ね合せ. F, G の間から出ると等速直線運動.

[**22**] 電場がゼロになる点 P は $(-1, 0, 0)$. 点 P 付近の電位は, x 軸方向には凹, y 軸方向には凸なので, 不安定. これを鞍点という (図を参照).

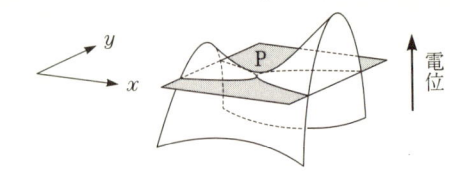

第 2 章

[1] （1） 金属球殻の外面上の電荷の電気力による位置エネルギー．
　　（2） 電荷は金属球殻の内側にある場合より外側にある場合の方が電気力による位置エネルギーが低いから．金属球殻とその内側では電場はゼロ．
　　（3） 髪の毛が帯電して反発力がはたらくため．

[2] 空き缶の内部では電場がゼロ，外部では缶の電場で静電誘導された電荷との間に引力がはたらくため．

[3] $3\varepsilon_0 A/d$

[4] 2個直列に接続して，これに5個並列に接続する．

[5] 合成容量 $C = 15\,\mu\mathrm{F}$. $V_c = Q_c/C_c = CV/C_c = 15 \times 10^{-6} \times 10/20 \times 10^{-6} = 7.5\,[\mathrm{V}]$

[6] $1\,\mu\mathrm{F}$

[7] 半径 b の孤立導体球キャパシターとの並列接続なので，
$$C = 4\pi\varepsilon_0 b + \frac{4\pi\varepsilon_0 ab}{b-a} = \frac{4\pi\varepsilon_0 b^2}{b-a}$$

[8] （1） 間隔が $a\,(0 < a < d/2)$ と間隔が $d/2 - a$ の平行板キャパシターの直列接続なので $2C_0$．
　　（2） 電気容量が $\varepsilon_0 L(L-x)/d$ と $2\varepsilon_0 Lx/d$ のキャパシターの並列接続となるため，与式が導かれる．

[9] $U = (1/2)\varepsilon_0 E^2 \times$ 体積 $= (1/2) \times 8.85 \times 10^{-12} \times (10^6)^2 = 4.4\,[\mathrm{J}]$

[10] $(1/2)CV^2 = 0.5 \times 20 \times 10^{-6} \times (200)^2 = 0.4\,[\mathrm{J}]$

[11] （1） 50 V
　　（2） $2 \times (1/2)CV^2 = 100 \times 10^{-6} \times 50^2 = 0.25\,[\mathrm{J}]$
　　（3） 始めのエネルギーは $0.5\,\mathrm{J}$，差の $0.25\,\mathrm{J}$ は導線に発生する熱になった．

[12] 電荷 $-Q$ の極板の電位をゼロとすると，電荷 Q の極板の電位は V．電位が V のところの電荷密度の体積分は Q になることを使え．

第 3 章

[問1] 極板上の電荷は $C_1V_1 = (C_1 + C_2) V_2$. $C_1 = \varepsilon_r C_2$.
$$\therefore \varepsilon_r = \frac{V_2}{V_1 - V_2}$$

[問2] $CV = \varepsilon_r C_0 V = \varepsilon_r Q$

[問3] 仮想的切り口で切られた誘電体の全分極電荷はゼロであることを使え.

[1] $A = 0.039 \text{ m}^2$, $C = 3 \times 10^{-10}$ F

[2] $C = \varepsilon_r \varepsilon_0 A/d = 3.5 \times 8.85 \times 10^{-12} \times 1/10^{-4} = 3.1 \times 10^{-7}$ F $= 0.31 \mu$F

[3] (1) $C = \varepsilon_r \varepsilon_0 A/d = 8 \times 9 \times 10^{-12} \times 10^{-4}/10^{-8} = 7 \times 10^{-7}$ F $= 0.7 \mu$F
(2) $U = (1/2) CV^2 = 0.5 \times 7 \times 10^{-7} \times (0.1)^2 = 4 \times 10^{-9}$ [J]
(3) $E = V/d = 0.1/10^{-8} = 10^7$ [V/m]
$\sigma = \varepsilon_0 E = 10^{-11} \times 10^7 = 10^{-4}$ [C/m²]
$Q = \sigma A = 10^{-4} \times 10^{-4} = 10^{-8}$ [C]

[4] 電気容量 $\varepsilon_1 \varepsilon_0 A/d_1$ と $\varepsilon_2 \varepsilon_0 A/d_2$ のキャパシターの直列接続なので,
$$C = \frac{\varepsilon_0 A}{\dfrac{d_1}{\varepsilon_1} + \dfrac{d_2}{\varepsilon_2}}$$

電荷密度は, ε_1 の側には $\sigma_1 = (\varepsilon_1 - 1) \varepsilon_0 E_1 = (\varepsilon_1 - 1)(D/\varepsilon_1) = \sigma(\varepsilon_1 - 1)/\varepsilon_1$,
ε_2 の側には $-\sigma_2 = -\sigma(\varepsilon_2 - 1)/\varepsilon_2$.

[5] $D = \varepsilon_r \varepsilon_0 E = \sigma_{自由}$ なので, $E = \sigma_{自由}/\varepsilon_r \varepsilon_0$.

[6] 略

[7] 電荷 q が $x = 0$ から $x = a \cos \theta$ まで移動する間に電気力 qE がする仕事は $qEa \cos \theta$ なので, 点 $x = a \cos \theta$ にある電荷 q の位置エネルギーは $-qaE \cos \theta$. 同様に, 点 $x = -a \cos \theta$ にある電荷 $-q$ の位置エネルギーも $-qaE \cos \theta$. $p = 2qa$ なので,
$$\therefore U = -2qaE \cos \theta = -pE \cos \theta = -\boldsymbol{p} \cdot \boldsymbol{E}$$
位置エネルギーが最小なのは $\theta = 0$ の場合.

[8] (1) $E_r = E_x \cos \theta + E_y \sin \theta$, $E_\theta = -E_x \sin \theta + E_y \cos \theta$ に (1.28) を代入せよ.
(2) $-\boldsymbol{p}' \cdot \boldsymbol{E} = -p'(E_r \cos \phi + E_\theta \sin \phi)$ の E_r と E_θ に (1) の結果を代入せよ.
(3) 略
(4) (a)

[9]
$$D_{内n} = \varepsilon_r\varepsilon_0 E_{内n} = -\frac{\varepsilon_r \cos\theta}{4\pi r^2}(q - q') = D_{外n}$$
$$= \varepsilon_0 E_{外n} = -\frac{\cos\theta}{4\pi r^2}(q + q')$$
$$\therefore \quad q' = \frac{\varepsilon_r - 1}{\varepsilon_r + 1}q, \quad F = \frac{qq'}{4\pi\varepsilon_0(2l)^2} = \frac{(\varepsilon_r - 1)q^2}{16\pi\varepsilon_0(\varepsilon_r + 1)l^2}$$

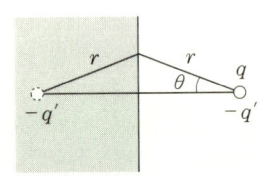

第 4 章

[問1] {「6Ωと6Ωの並列接続」と「2Ω」の直列接続} と {5Ω} の並列接続の合成抵抗は 2.5Ω なので, $I = V/R = 4$ A.

[問2] 6 A

[問3] 図 4.19 で $R_1 = R_2 = R_3 = R = 5$ Ω なので, (4.39 c) から $I_3 = (V_1 + V_2)/3R = 8/3$ A, $V = 5 \times 8/3 = 40/3$ [V].

[問4] 図 4.19 で $R_2 = 0$ なので, (4.39 b) から $I_2 = \{8 \times 20 + 20 \times (-40)\}/12 \times 8 = -20/3$ [A].
電池の中を流れる電流は,負極から正極の向きに 20/3 A.

[問5] 定常状態ではキャパシターに電流は流れない. 2つの 5Ω の抵抗の接続点の電位は 10 V の電池の両極の電位の中間である. したがって,5 V.

[1] $R = \rho L/A = 1.72 \times 10^{-8} \times 10/2.0 \times 10^{-6} = 8.6 \times 10^{-2}$ [Ω]

[2] $R = 3 \times 10^{-5} \times 0.25/(0.01)^2 = 0.08$ [Ω]

[3] 自由電子が電気と熱の両方を伝えるため.

[4] AとCの間の電気抵抗は導線の長さ $\overline{AC}$ に比例するので,AとCの電位差も長さ $\overline{AC}$ に比例する.

[5] AB間は 75 Ω,AC間は 100 Ω

[6] $V = RI/3 + RI/6 + RI/3 = 5RI/6, \quad \therefore \quad R_{AB} = 5R/6$
$V = Q/3C + Q/6C + Q/3C = 5Q/6C, \quad \therefore \quad C_{AB} = 6C/5$

[7]　$28\,\Omega$

[8]　（ 1 ）　$R_{AC} = 3.8 + 1.2 = 5.0\,[\Omega]$
　　　（ 2 ）　$I = 10/5.0 = 2.0\,[A]$,　　$V_{AB} = 3.8 \times 2.0 = 7.6\,[V]$
　　　（ 3 ）　$I_1 = 1.2\,A$,　　$I_2 = 0.8\,A$

[9]　フィラメントの抵抗は温度が低くなると減少するため．

[10]　電球の抵抗は $100\,\Omega$，電熱器の抵抗は $25\,\Omega$，合成抵抗は $20\,\Omega$．電流は $100/20.1 = 5.0\,[A]$，電圧降下は $0.5\,V$．

[11]　$60\,W$ の方が大きい．$100\,W$ の方が太い．

[12]　（a）

[13]　（ 1 ）　AB 間に $I\,[mA]$ 流れるとき，並列の抵抗に $(I-1)\,[mA]$ 流れるためには，抵抗値 $R_P = 1.0/(I-1)\,\Omega$．$1.0/9999 \fallingdotseq 10^{-4}\,\Omega$，$1.0/999 \fallingdotseq 10^{-3}\,\Omega$，$0.1/99 \fallingdotseq 10^{-2}\,\Omega$．
　　　（ 2 ）　電圧計を $1\,mA$ の電流が流れるときに，AB 間の電圧が $V\,[V]$ になるためには $(R_S + 1.0) \times 10^{-3} = V$．$R_S = 10^6 - 1.0 \fallingdotseq 10^6\,[\Omega]$，$10^5 - 1.0 \fallingdotseq 10^5\,[\Omega]$，$10^4 - 1.0 \fallingdotseq 10^4\,[\Omega]$．

[14]　検流計には電流が流れず，点 A と B は同じ電位なので，
$$R_1 I_1 = R_2 I_2, \quad R I_1 = R_3 I_2, \quad \therefore \frac{R}{R_1} = \frac{R_3}{R_2}$$

[15]　A : $1.5\,V$，B : $1.33\,V$，C : $1.67\,V$，D : $0.17\,V$，E : $0.33\,V$

[16]　（ 1 ）　$800\,W$
　　　（ 2 ）　$1.3 \times 10^3\,s = 22\,min$

[17]　D, C, A, B

[18]　加速度の大きさは eE/m なので，平均距離 d は $eEt^2/2m$ の期待値
$$d = \int \frac{eE}{2m} t^2 e^{-t/\tau} \frac{1}{\tau} dt = \frac{eE}{m} \tau^2$$
また，ドリフト速度 $\boldsymbol{v}$ は，「平均変位」/「平均時間」なので
$$\boldsymbol{v} = -\frac{e\boldsymbol{E}\tau^2}{m\tau} = -\frac{e\boldsymbol{E}\tau}{m}$$

[19]　（ 1 ）　$j = E/\rho = 3 \times 10^{-12}\,A/m^2$
　　　　　　$I = 4\pi (6.4 \times 10^6)^2 \times 3 \times 10^{-12} = 1500\,[A]$
　　　（ 2 ）　$\sigma = \varepsilon_0 E_n = -9 \times 10^{-12} \times 100 \fallingdotseq -10^{-9}\,[C/m^2]$
　　　　　　$Q = 4\pi (6.4 \times 10^6)^2 \times (-10^{-9}) = -5 \times 10^5\,[C]$

[20]　$0 \leq t \leq 2\,s$ では $V(t) = CQ(t) = CV(1 - e^{-t/CR_1})$．$V(2) = 2 \times 10^{-2} \times (1 - e^{-2}) = 1.7 \times 10^{-2}\,[V]$，$2 \leq t$ では $V(t) = V(2)e^{-(t-2)/CR_2} = 1.7 \times 10^{-2} e^{-100(t-2)}\,[V]$．

[21]　$R = \rho L/A_R$，$C = \varepsilon_0 A_C/d$ なので $CR = \rho \varepsilon_0 (A_C/A_R)(L/d)$．最短時間の

目安は $\rho\varepsilon_0 \fallingdotseq 10^{-8} \times 10^{-11} = 10^{-19}$ [s]．ただし，A_R は抵抗の断面積，A_C は極板の面積．

第 5 章

[問1]　略

[問2]　(1)　$d\theta_+(x)/dx$, $d\theta_-(x)/dx$ は $x=0$ 以外ではゼロ，$a>0$, $0>b$ とすると，$\int_b^a \dfrac{d\theta_+}{dx}dx = \theta_+(a) - \theta_+(b) = 1$, $\int_b^a \dfrac{d\theta_-}{dx}dx = \theta_-(a) - \theta_-(b) = -1$.

(2)　$x<L$ では $P(x) = P\theta_+(x)$, $0<x$ では $P(x) = P\theta_-(x-L)$ である．

[1]　$V=x$, $V=x/(x^2+y^2)$ を $\partial^2 V/\partial x^2 + \partial^2 V/\partial y^2 + \partial^2 V/\partial z^2 = 0$ に代入すれば，解であることがわかる．$\rho = (x^2+y^2)^{1/2}$, $x = \rho \cos\phi$ とおく．そこで
$$V = -E_0\rho\cos\phi - a\cos\phi/\rho \quad (\rho \geqq R)$$
$$= -E_1\rho\cos\phi \quad (\rho < R)$$
と表せる（a, E_1 は定数）．$\rho = R$ で V は連続なので，$(E_1 - E_0)R^2 = a$.

(1)　導体中は等電位なので $E_1 = 0$．よって，$a = -E_0 R^2$．$\rho \geqq R$ で $V = E_0 \cos\phi(-\rho + R^2/\rho)$，よって表面電荷密度 $\sigma = -\varepsilon_0 \partial V/\partial \rho|_{\rho=R} = 2\varepsilon_0 E_0 \cos\phi$.

(2)　D_n の連続性から $2E_0 - E_1 = \varepsilon_r E_1$, ∴ 円柱内部の電場 $-\nabla V = E_1 = \dfrac{2}{1+\varepsilon_r}E_0$．これを $E_1 = E_0 - \dfrac{1}{2\varepsilon_0}P$ と表せる．

[2]　(1)　S の上で $V_1 = V_2$ なので，$V = V_1 - V_2 = 0$．

(2)　S の上で $E_{1n} = E_{2n}$ なので，$E_n = E_{1n} - E_{2n} = 0$．

(3)　導体面上では $V=$一定 で導体の全電荷が等しいので，$\iint E_n\, dA = 0$.

第 6 章

[1]　p 型半導体には電荷を運ぶ正孔，n 型半導体には電荷を運ぶ自由電子が存在するが，pn 接合ダイオードに逆方向電圧をかけると，n 型の部分の自由電子と p 型の部分の正孔が中和して，電荷を運ぶ自由電子も正孔もなくなるから．

[2]　温度が上がると熱運動が活発になり，自由電子と正孔が増加することによる電気抵抗の温度依存性を利用できる．

索　　引

ア

アクセプター準位　187
アボガドロ定数　6
アーンショーの定理　66
アンペア　126
圧電現象　121

エ

n 型半導体　187
永久電流　138
映像電荷　84
映像法　83
エネルギーギャップ
　（ギャップ）　185
エネルギーバンド　185
円筒キャパシター　92

オ

オーム　133
　——の法則　133

カ

解の一意性　167, 177
回路　146
　——素子　146
　CR ——　151
ガウスの発散定理　164
ガウスの法則　38
　——の応用　40
　電束密度の——　112

電場の——　38, 163
価電子帯　185
緩和時間　75

キ

基底状態　181
起電力（emf）　131
　熱——　131
　光——　191
逆方向　190
ギャップ（エネルギー
　ギャップ）　185
キャパシター　86, 104
　——の接続　93
　——の直列接続　94
　——の並列接続　93
　円筒——　92
　平行板——　89
キャベンディッシュ
　103
キャリア　188
キュリー温度　121
キルヒホッフの法則
　146
キロワット時　142
球形キャパシター　91
球対称な電荷分布による
　電位　56
球対称な電荷分布の作る
　電場　41
共有結合　186

強誘電体　121
極性分子　118

ク

空乏層　189
屈折の法則　116
　電気力線と電束線の
　——　114
クラウジウス - モソッテ
　ィの関係式　118
グラディエント　63
クーロン　3
　——エネルギー　49
　——の法則　10
　——ポテンシャル
　　49
　——力　10

ケ

元素の周期表　183

コ

合成抵抗　142
合成容量　93
降伏電圧　190
孤立導体球　91

シ

CR 回路　151
軸対称な電荷分布の作る
　電場　43

時定数 155
自由電荷 4
―― 密度 172
自由電子（伝導電子）
  4,125
ジュール熱 141
シリコン 186
順方向 190
真空の誘電率 11,90
真性半導体 187

ス

スカラー場 18
ステラジアン 40
ストークスの定理 166

セ

正孔（ホール） 187
静電遮蔽 77
静電張力 85
静電誘導 5
整流作用 190
絶縁体 4,104,185
ゼーベック効果 132
線積分 48

ソ

素電荷（電気素量） 3

タ

ダイオード 134
  pn接合―― 134,
    189
  発光―― 190
体積分 29

耐電圧 93
太陽電池 191

チ

超伝導現象 138
超伝導体 138
直流回路 146

テ

抵抗 133
  ―― 器 133
  ―― の接続 142
  ―― の直列接続 143
  ―― の並列接続 143
  合成―― 142
定常状態 181
定常電流 146
定常波 180
デルタ関数 167
電圧 131,134
  ―― 計 158
  ―― 降下 134
電位 50,163
  ―― から電場を求める
    62
  ―― 差 51
  球対称な電荷分布に
    よる―― 56
  導体内部の―― 76
  等―― 線 60
  等―― 面 60
電荷 1
  ―― と電流の連続方
    程式 176
  ―― の保存則 2,176

映像―― 84
分極―― 107
電界 19
電解質溶液 125
電気感受率 109
電気双極子 28,64,122
  ―― モーメント 28
電気素量（素電荷） 3
電気抵抗 133
  ―― の温度係数 135
  ―― 率 135
電気伝導率 135
電気容量 87
電気力線 24
  ―― 束 31
  ―― と電束線の屈折
    の法則 114
電気力管 69
電気力による位置エネル
  ギー 49
電気力の重ね合せの原理
  15
電源 131
  ―― の仕事率 139
電子 6
  ―― の二重性 7
  ―― ボルト 53
電束 40
  ―― 線 111
  ―― 密度 111
  ―― のガウスの
    法則 112
  ―― の微分形
    171
電場 19

索　引　203

―― の一意性　83
―― のエネルギー　96, 116
―― のガウスの法則　38, 163
　　―― の微分形　166
―― の重ね合せの原理　23
球対称な電荷分布の作る ――　41
軸対称な電荷分布の作る ――　43
導体内部の ――　75
導体表面の ――　78
微視的な ――　117
物質中の ――　74
分子 ――　117
誘電体の ――　110
電流　125
―― 計　157
―― 密度　130
―― の仕事率　140
―― の単位　126
永久 ――　138
定常 ――　146
電力（パワー）　140, 142
―― 量　142
点電荷　10
　　―― による電位　54
伝導帯　185
伝導電子（自由電子）　4, 125

ト

導体　4, 186
―― 内部の電位　76
―― 内部の電荷密度　75
―― 内部の電場　75
―― 表面の電場　78
等電位線　60
等電位面　60
導電性高分子　192
ドナー準位　187
ドーピング　188
トランジスター　189
ドリフト速度　128, 136

ナ

ナブラ　63

ネ

熱起電力　131
熱電対　132

ハ

場　18
パウリの排他原理　183
パワー（電力）　140, 142
バンド　185
　　エネルギー ――　185
発光ダイオード　190
発散　165
半導体　137, 186
　　n 型 ――　187
　　p 型 ――　188
　　真性 ――　187

ヒ

BCS 理論　138

pn 接合　188
　　―― ダイオード　134, 189
p 型半導体　188
光起電力　191
微視的な電場　117
微分演算子　63
比誘電率　105, 116

フ

ファラデー定数　6
フラーレン　138
フランクリン　73
物質中の電場　74
不導体　4, 104
分極　5, 107, 172
　　―― 電荷　107
　　―― 密度　172
　　―― 電流密度　177
　　―― 率　117
分子電場　117

ヘ

閉曲面　35
平行板キャパシター　89
ベクトル形でのクーロン力　13
ベクトル場　19
ペルティエ効果　132

ホ

ポアッソン方程式　167
ホイートストーン・ブリッジ　158
ホール（正孔）　187

204　索　引

ボルツマン定数　182
ボルツマン分布　182
ボルト　50

マ

マクスウェル方程式　39

ミ

ミリカンの実験　70

ム

無極性分子　118

メ

面積分　33

ユ

有機錯体　192
誘電体　5,104
　——の電場　110
　強——　121
誘電分極　5,104
誘電率　109
　真空の——　11,90
　比——　105,116

ラ

ラプラス方程式　170

リ

立体角　39
量子力学　9
臨界温度　138

レ

励起状態　181

ワ

ワット　140

著者略歴

1934年 神奈川県出身．東京大学理学部物理学科卒，同大学院数物系研究科物理学専攻博士課程修了．東京教育大学理学部助手，カリフォルニア工科大学研究員，シカゴ大学研究員，プリンストン高等学術研究所研究員，東京教育大学理学部助教授，筑波大学物理学系教授，同副学長，帝京平成大学情報学部教授を経て，筑波大学名誉教授．理博．

主な著書：「素粒子物理学」(朝倉書店)，「量子の不思議」(中央公論社)，「物理学基礎」，「基礎物理学」(以上 学術図書出版社)，「力学と電磁気学」(東京教学社)，「量子力学」(岩波書店)，裳華房テキストシリーズ‐物理学「現代物理学」，裳華房フィジックスライブラリー「電磁気学(II)」(以上 裳華房)

裳華房フィジックスライブラリー　**電磁気学(I)**

2001年10月30日	第 1 版 発 行	
2018年 8月20日	第8版1刷発行	
2025年 2月25日	第8版3刷発行	

検印省略

定価はカバーに表示してあります．

増刷表示について
2009年4月より「増刷」表示を「版」から「刷」に変更いたしました．詳しい表示基準は弊社ホームページ
http://www.shokabo.co.jp/
をご覧ください．

著作者　　原　　康夫
発行者　　吉野　和浩
発行所　　〒102-0081
　　　　　東京都千代田区四番町8-1
　　　　　電話　03 - 3262 - 9166
　　　　　株式会社　裳　華　房
印刷所　　横山印刷株式会社
製本所　　牧製本印刷株式会社

一般社団法人
自然科学書協会会員

JCOPY〈出版者著作権管理機構 委託出版物〉
本書の無断複製は著作権法上での例外を除き禁じられています．複製される場合は，そのつど事前に，出版者著作権管理機構(電話03-5244-5088, FAX03-5244-5089, e-mail:info@jcopy.or.jp)の許諾を得てください．

ISBN 978 - 4 - 7853 - 2203 - 8

©原　康夫，2001　　Printed in Japan

マクスウェル方程式から始める 電磁気学

小宮山 進・竹川 敦 共著　Ａ５判／288頁／定価 2970円（税込）

★電磁気学の新しいスタンダード★

基本法則であるマクスウェル方程式をまず最初に丁寧に説明し，基本法則から全ての電磁気現象を演繹的に説明することで，電磁気学を体系的に理解できるようにした．クーロンの法則から始める従来のやり方とは異なる初学者向けの全く新しい教科書・参考書であり，首尾一貫した見通しの良い論理の流れが全編を貫く．理工学系の応用・実践のために充全な基礎を与え，初学者だけでなく，電磁気学を学び直す社会人にも適する．

【本書の特徴】
◆ 理工系の1年生に対して30年間にわたって行った講義を基に書かれた教科書．
◆ 力学を運動方程式から学び始めるように，マクスウェル方程式から学び始めることで，今までなかった最適の構成をもつ電磁気学の教科書・参考書となっている．
◆ 初学者の独習にも適するように，マクスウェル方程式から始めるにあたって必要な数学的な概念を懇切丁寧に解説し，図も豊富に取り入れた．
◆ 従来の教科書ではつながりが見えにくかった多くの関係式が，基本法則から意味をもって体系的につながっていることが非常によくわかるようになっている．

【主要目次】1. 電磁気学の法則　2. マクスウェル方程式（積分形）　3. ベクトル場とスカラー場の微分と積分　4. マクスウェル方程式（微分形）　5. 静電場　6. 電場と静電ポテンシャルの具体例　7. 静電エネルギー　8. 誘電体　9. 静磁気　10. 磁性体　11. 物質中の電磁気学　12. 変動する電磁場　13. 電磁波

本質から理解する 数学的手法

荒木　修・齋藤智彦 共著　Ａ５判／210頁／定価 2530円（税込）

大学理工系の初学年で学ぶ基礎数学について，「学ぶことにどんな意味があるのか」「何が重要か」「本質は何か」「何の役に立つのか」という問題意識を常に持って考えるためのヒントや解答を記した．話の流れを重視した「読み物」風のスタイルで，直感に訴えるような図や絵を多用した．

【主要目次】1. 基本の「き」　2. テイラー展開　3. 多変数・ベクトル関数の微分　4. 線積分・面積分・体積積分　5. ベクトル場の発散と回転　6. フーリエ級数・変換とラプラス変換　7. 微分方程式　8. 行列と線形代数　9. 群論の初歩

力学・電磁気学・熱力学のための 基礎数学

松下　貢 著　Ａ５判／242頁／定価 2640円（税込）

「力学」「電磁気学」「熱力学」に共通する道具としての数学を一冊にまとめ，豊富な問題と共に，直観的な理解を目指して懇切丁寧に解説．取り上げた題材には，通常の「物理数学」の書籍では省かれることの多い「微分」と「積分」，「行列と行列式」も含めた．

【主要目次】1. 微分　2. 積分　3. 微分方程式　4. 関数の微小変化と偏微分　5. ベクトルとその性質　6. スカラー場とベクトル場　7. ベクトル場の積分定理　8. 行列と行列式

裳華房ホームページ　https://www.shokabo.co.jp/